界限心理学

面对职场关系、亲情、爱情、友情时坚定做自己

韩修会　编著

中国法制出版社
CHINA LEGAL PUBLISHING HOUSE

前言

Preface

在生活中，你是否常常会遇到以下困扰？

你特别在乎别人对自己的看法，无论说话还是做事都要先在心中揣测对方的想法，有时为了讨别人的欢心，甚至会勉强自己做一些不愿意做的事情……

你总是为别人着想，担心自己会给别人添麻烦，会成为别人的负担，但是当你感觉疲惫、烦闷的时候，却没有谁会在乎你的感受……

你常常会被“关系”“交情”绑架，人家对你说几句好话，就可以轻易地支使你做这做那。有时你也会感觉憋屈，却不知该如何改变这种现状……

你经常浪费自己的时间、精力去做分外的事情，别人都把这视为理所当然，没有人感激你的无私付出，却会在出现问题时要求你承担责任……

你时常忍气吞声地接受一些不公平的待遇，以为“忍”和“让”是一种美德，谁知在你主动牺牲之后，别人却并不满足，反而要求你奉献更多……

你总是保护不了自己的隐私，当别人肆无忌惮地打探你的私生活的时候，尽管你心中充满了不快和厌恶，但却不敢表达自己的态度……

看到这些问题的时候，你的内心也许会被深深地触动，也许你会问自己："对啊，我为什么会让自己变成这样？"

答案其实非常简单，就是因为你没有掌握自己的"界限"。

也许你并没有意识到，人与人相处是需要有界限的。这种界限不仅包括有形的界限，还包括无形的界限。界限无处不在，非常重要，却又很容易被我们忽视。

一个人如果没有界限感，就会分不清自我与他人的责任归属，也难以区分自己和他人的看法、态度和情绪，还会把自己和他人的问题混为一谈，甚至失去明确的身份认同，因而会处理不好各种人际关系，陷入进退维谷、不知所措的困境。

相反，那些具有良好界限感的人却能够时刻把握相处的分寸，能够清楚地认识自我，也能够接受他人与自己不同的部分，并能对他人的意志、想法、情感给予应有的尊重。

界限，能够为生活带来秩序感，使你不会像傀儡一样任人呼来唤去、随意摆布；界限也能够给心灵增添安全感，使你可以坚定而温柔地对他人说"不"，并可以自由地掌控自己的人生。

界限，能够为你的各种关系增加亲密感，却不会让你和他人的生活变成"剪不断，理还乱"的一地鸡毛。

因此，你应当给界限足够的重视，并要注意与他人保持恰到好处的界限感，这是与人相处最基本的修养，也是让关系能够持久、稳固的最重要的基础。

在职场关系中，你需要把握好自己的职场角色，与上司、同事、下属建立恰当的行为界限。你还要找到自己的“心理临界点”，知道自己该做哪些事，该说哪些话，该与哪些人打交道，这样你才能在职场复杂的人际关系里找准自己的定位。

在家庭关系中，你既要保护好自己的个人界限，也要尊重家庭成员的私人空间，还要包容对方的看法、立场和选择；你和家庭成员之间不应过度依赖、相互干扰，而是要在关系中找到彼此都能接受的界限平衡点，这样才能形成“不越位，不错位，还能到位”的家庭关系。

在情感关系中，你要学会享受“有点黏又不会太黏”的关系，这样让彼此既不会产生窒息的感觉而巴不得逃开，又能保持独立性、自主性，可以在微妙的平衡中品味幸福和甜蜜的滋味。

在人际交往中，你更要拿捏好分寸和界限，不要过度掌控或过度顺从，你需要时刻界定好与他人之间的最佳“距离”，让自己和他人能够相处得更加舒适和谐，这样才能拥有良好的人际关系。

界限就像是一道城墙，它是维护自主权、安全感，保持自尊、自信的健康而重要的方式。你需要为自己设立良好的界限，虽然这会是一项异常艰苦的工作，但只要你有足够坚定的决心，愿意为此付出努力，你就一定能够品尝到界限带来的自由和快乐。

下面，你就可以跟随本书作者一起畅游界限的世界，在书中领会界限的来龙去脉，懂得界限对自己意味着什么；你更可以在作者的引导下，从常见的错误认知和消极情绪中走出来，让自己能够勇敢无畏地设立界限。

本书还会教你训练自我“强势力”的方法，使你在面对界限问题时可以不再犹豫、不再软弱，而是能够在职场关系、亲情、爱情、友情中坚定地做自己。

界限，将带给你一个真正“由自己说了算”的人生！

目录

Contents

第三章　跳出界限迷思

第四章　训练自我“强势力”

第五章　守卫职场界限

第六章　把握情感关系的界限

第七章　家庭也需要界限感

第八章　走出人际博弈的困局

第一章
界限的来龙去脉

生活中的“界限”到底是什么

在日常生活中，你是否注意到了那些无处不在的地界标识呢？门前的篱笆、各种造型的围栏、标示清晰的门牌、修剪整齐的草坪……它们都是明显可见的“界限”，代表界限内的领地空间已经为某人或某物占据，他人不得擅自闯入。

上述这些界限都属于有形的界限，而在各种人际关系中，还有一类无形的“界限”悄然“矗立”着——很多时候你并没有意识到它的存在，但它却一刻不停地捍卫着你的自我意识和自主权利。

28岁的芳菲在一家外企工作，在公司的时候，她表现得独立、自信、干练，是让人羡慕的“白领精英”“都市丽人”。

可芳菲对自己的生活状态却很不满意，她总说自己生活得“太压抑”，而这压抑的感觉有一大半都来自她的母亲。

芳菲一直认为母亲对自己管得太严，无论大事还是小事都要干预，哪怕芳菲早已成年，母亲也一刻都没放松对她的控制。

在家的时候，芳菲觉得自己连一点属于私人的空间都没有，母亲总是不敲门就随意闯入她的卧室，帮她叠被子、整理物品，一边整理还一边数落她不讲卫生、生活邋遢。

母亲还要求芳菲每天必须按时回家吃饭，有时芳菲需要加班，母亲就不停地打电话催她，问她到底几点才能回家，还不停地抱怨她找的工作不理想、时间不自由。

芳菲有时随便买点东西回家，母亲也要盘问她到底花了多少钱，有时甚至还会向她索要发票……

芳菲忍不住对母亲发了火，母亲似乎意识到了自己的行为不妥当，在之后的几天里，也确实会有所“收敛”。可时间一长，母亲又开始事无巨细地管起来，这让芳菲烦恼不已……

芳菲为什么会情绪崩溃，为什么会感觉很不舒服呢？这正是因为她的母亲无视生活中的各种界限，打着“关心女儿”的旗号，肆意地踩踏各种有形、无形的界限，致使芳菲有一种被侵犯的感觉。

不过芳菲对“界限”还没有形成清晰的认识，所以她无法用准确的语言来描述这种感觉，只是莫名地觉得委屈、憋闷、压抑，却不知该如何挽救自己的生活。

发生在芳菲身上的事情并非个案，生活中很多人都被同样的问题困扰着，他们迫切需要找回自己的“界限”，也就是要清晰地界定自己在生理、心理上所能够接受的极限。

“界限”（boundary）这一术语，最早是由著名的结构派家庭治疗大师、儿童精神科医生萨尔瓦多·米纽庆提出的。这位心理学大师认为，在家庭这个大系统中，不同的个体之间应当有一种界限，使大家清楚地知道自己该扮演什么样的角色，以及如何与其他成员进行互动。

而在家庭之外，无论是职场还是各类社交场合，人与人之间都应当建立起应有的“界限”。“界限”会成为一种屏障、一种分界线，会将一个人和他人从身体、物资、领地、心理和情绪上区别开来。

具体来看，生活中的各种“界限”主要包括外部界限和内部界限两大类，而这两类界限又可以被细分为若干种。

第一，外部界限。

外部界限包括身体界限、物资界限和之前提到的领地界限。

1. 身体界限。

简单地理解，就是每个人都需要区分自己的身体和身体之外的边界，而这种区分可以从婴儿期开始，在与父母的相处和交流中，婴儿会渐渐认识到“自我”的存在。

随着生长发育，婴儿逐渐成长为儿童、少年、青年……他更会认识到自己和他人、自己与周围环境之间是存在“界限”的。

这种身体界限能够提供足够的“存在感”“独立性”，所以我们要注意保护身体界限，对于他人任何破坏身体自主权的举动都要勇敢地说“不”。

2. 物资界限。

物资界限指的是每个人对于属于自己的物资会有一种强烈的主动维护意识，不接受他人随意地占用和攫取，这也可以被称为“物权意识”。

在物权意识的影响下，我们会格外注重自己的物资界限，除非自己愿意主动分享，否则自己的物资被他人享用，就会让我们感到非常痛苦。

3.领地界限。

在自然界，很多动物会主动维护自己的“地盘”，不允许同类随意踏入。其实人类同样如此，无论年纪长幼、权力大小、财产多寡，都需要拥有专属于自己的个人空间，不喜欢别人侵犯自己的领地界限，这种情况就是心理学中的“领地意识”和“领地行为”。

第二，内部界限。

内部界限主要包括心理界限和情绪界限这两大类。

1.心理界限。

心理学家对心理界限的定义是：“人的心理所能够承受的外界力的极限。”这种“外界力”如果超过了某一特定的范围，你就会有一种强烈的压迫感，并会产生反感、排斥的情绪。

此时你可能需要用明确的语言“好”“不”等来表明自己的立场，告诉他人你同意做什么、喜欢做什么以及不同意也不喜欢做什么。

2.情绪界限。

情绪界限指的是你必须清楚地了解自己的情绪感受，同时不要让自己轻易受到他人情绪的影响。当你建立起了健康的情绪界限后，你就不会变得十分敏感，也不会因为他人的难过、痛苦而产生莫名的负疚感。

现在，你了解“界限”是什么了吗？你可以尝试去感受和觉察自己的“界限”，再用心去体会他人的哪些行为已经触碰到或超越了你的

“界限”，进而就可以不断增强自己的界限意识。

不过，心理学家也提醒我们不要让界限变得过度分明，以致成了不可逾越的“钢铁长城”，这会让你逐渐和他人疏离，难以形成良好的亲密关系。

所以，你应当找到一种兼具自我保护性和灵活性的弹性界限，以便更好地保护自己的外在、内在空间，并可以如鱼得水地享受每一段人际关系。

自我界限的形成：从“共生”走向“个体”

了解了“界限”的基本概念之后，你可能会问，界限是如何形成、发展的呢?

从发展心理学的角度来看，自我界限的形成并非一蹴而就，而是逐渐形成的。

研究发现，妊娠第4个月的胎儿，已经产生了最初的意识，由于它在母亲的子宫这个安全、相对封闭的环境中孕育，不会感受到外界的不适刺激，就会以为自己和母亲是“一体的”。它不知道自己和母亲及他人的区别，这种情况被心理学家称为“共生”。

婴儿在出生之后的一段时间，尽管从身体上已经与母亲分离开来，但在心理上还存在着密切的联系。

婴儿一天天长大，直到意识到母亲并不会每时每刻都陪伴在自己身边，他才会逐渐进入与母亲的“心理分离”过程：他会把自己从“共生”的体验中慢慢抽离出来，并能够发展出一个新的身份——“我”，也就是作为“个体”的体验。在这个过程中，最初的自我界限也会逐渐形成。

美国心理医师亨利·克劳德曾经对此进行过大量研究，并总结出了界限形成需要经过的三个重要阶段：

第一，孵化阶段。

这一阶段常常出现在孩子5~10个月大时，小婴儿会发现“妈妈和我并不是同一个人”“妈妈和爸爸也不同”，等等，这也是他界限意识的“孵化期”。在此阶段，他不会再像过去那样只围着母亲转，甚至不太需要母亲抱着；他常常想要更多地感受自己与周围世界及其他人的不同，因而会经常出现主动触摸、品尝、感受物品的行为。

与此同时，母亲却会有一种失落的感觉，她会发现小婴儿没有过去那么依赖自己了，母子之间的界限已经隐约可见。母亲可能不太喜欢这样的结果，但这却是孩子成长中的必经阶段。

第二，练习阶段。

这一阶段常常出现在孩子10~18个月大时，此时幼儿开始练习走路、说话，精力非常旺盛，能力也得到了提升，这会让他认为自己是“无所不能的”。他的界限意识和独立意识也得到了发展，父母牵着他的手走路的时候，他可能急着挣脱，还想要自己先走，好把父母甩在后面。

这时候父母应该配合孩子练习的“兴致”，只要确保他是安全的，就不要过多地阻挠他，也不要设立各式各样的规矩来限制他，使他无法自由地发展。

第三，重归于好阶段。

这一阶段常常出现在孩子18个月到3岁大时，此时儿童已经逐渐意识到“我并不是什么都能做到的”。他还会察觉到外部世界对于自己是危险的、可怕的，所以他仍然需要父母的帮助，而这会让亲子关系重新回到非常亲密的状态，但却不会是“共生状态”，因为孩子已经可以代入“自我”，会表现出和父母不同的想法和情感。

到了这个阶段，孩子已经能够区分自己和他人的不同之处，这就是一种最基本的个体与个体之间的界限；他还会用“生气”的方法来标示自己的界限，这是在告诉人们哪些事情是他不喜欢的；他也会用“我的”之类的词语来强调自己的物权界限，并会用“我喜欢”“我不要”等说法来强调自己的意愿，这也可以看作语言上的“界限”，能够将他和自己不喜欢的东西分开，也能赋予他选择的权利。

那么，在孩子的自我界限形成的过程中，父母应该承担什么样的责任呢？

第一，建立良好的亲密关系。

自我界限能够顺利形成，并可以得到发展和完善，必须建立在良好的亲密关系的基础上。从孩子呱呱坠地起，父母就应当为他提供一个温馨、美好、充满爱意的情感环境；之后，父母会通过拥抱、喂食、换尿布等互动来强化和孩子之间的亲密关系，而孩子可以从中汲取一种“归属感”。

哪怕有时父母不在他的身边，他也不会觉得过于害怕，这就是因为亲密关系让他感觉舒适和安全，而这也会成为自我界限的基石。待孩子长大成人后，他便能够妥善处理好各种关系中的界限，能够正确地面对分离、冲突等关系问题。

相反，幼年时期没有获得父母足够的情感支持，比如被父母独自留在房间中，只要不哭闹就得不到父母的关注，这时孩子就会有一种“被拒绝”“被遗弃”的感觉，而这种感觉可能会从婴儿期一直延伸到成年期，会影响其人际关系的形成、发展。

第二，鼓励孩子建立自己的界限。

随着孩子的界限意识、独立意识逐渐觉醒，他会表现得比较任性，特别是在2岁左右，孩子会表现出突如其来的怒意、坚决不从的挑衅行为、一言不合就情绪失控等，心理学家将其称为“可怕的2岁”，而这也是自我界限形成的关键期。

此时父母应当帮助孩子平稳度过这个重要时期，并尊重他们的界限。比如，在他说“不”的时候不要急着大发雷霆，而是要倾听他的心声，并可以多给他几个选择，让他感觉可以按照自己的意愿行事。这种对自我界限的维护也会成为一种好的习惯，将会伴随他的一生。

另外，父母要注意避免“情感内缩”的问题，也就是说，在孩子说“不”的时候不要表现出对孩子的失望、不满或厌恶，不要让自己对孩子的爱意内缩、回撤，因为这会让孩子形成一种误解：如果我说“不”，爸爸妈妈就不爱我了。那么他以后就会自动回避设立界限的行为，这对他界限意识的发展十分不利。

第三，帮助孩子意识到他人界限的存在。

父母在尊重孩子界限的同时，也不能放任他肆意妄为，如果他的言行非常过分，已经侵犯了他人的界限，父母就需要进行必要的提醒和限制，使孩子明确地知晓哪些界限是不应当超越的。

在提醒之后，如果孩子还是没有改正，父母可以进行适当的惩罚，但尽量不要进行体罚，也不应当对孩子施加消极的冷暴力，以免孩子变得恐惧、焦虑，甚至怨恨父母。

除了儿童期，青春期也是界限发展的重要阶段，此时孩子会面临更加复杂的人际关系，同时自身对于性别的认同也会引发一些心理困惑。父母要注意给予必要的指导，使孩子能够知道该对什么样的行为说“好”或说“不”。

此外，孩子走出原生家庭，开始独立应对人生的时候，也常常会遇到很多界限方面的问题，最初难免会有不知所措的感觉。父母也可以从自己的经验出发，耐心地帮助、支持孩子（注意把握尺度，不要干涉孩子正常的人际交往），使他能够拥有健康的界限。

总之，在孩子界限形成与发展的各个阶段，父母的作用都是不容忽视的。只有在父母耐心、精心的培养下，孩子的界限意识才会趋于成熟、完善，设立自我界限的能力也才能够逐渐加强。

界限意识能够使孩子在亲密关系中更好地把握自我的角色，和父母在感情上保持亲密，不会因为分离而出现过多的负面情绪；他可以从容地对父母说“不”，不会担心这样会失去父母的爱意；他也能够经受住父母或他人的拒绝，并且不会因此产生心理负担，更不会变得自卑、畏缩、害怕和人打交道……

界限意识让他能够清楚地知道自己与他人是相互独立的不同的个体，有各自的责任和权利范围，也会让他拥有一个“自己说了算”的人生。

界限意识：健康人际关系的根基

一个人在童年时期打下的界限意识“根基”将对他日后的人际交往产生莫大的作用。

有清晰界限意识的人能够自由地在“独立”和“亲密”两种状态间来回切换，他对关系有归属感，同时又能保有个人的独立性；他也知道该如何与人相处才能让每个人都感觉轻松、惬意，而这可以避免很多因“界限不清”造成的人际关系的挫败和混乱。

相反，界限不清的人却很难把握好人际交往中的尺度，要么过度陷入他人的事务中，要么让自己的意志被人左右，有时又完全不能接受他人的意见，而这就是没有界限意识、找不到内心的“锚”的结果。

24岁的嘉雯通过了某销售公司的面试，成为一名新员工。公司提供宿舍，为嘉雯这个外地女孩解决了后顾之忧。

嘉雯欢天喜地地搬进了宿舍，原本住在该宿舍的几名女同事对她非常欢迎，几个女孩很快就成了无话不说的好朋友。

可是，嘉雯很快就发现宿舍生活并不适合自己。每天晚上，当她想要利用睡前的时间阅读一些专业书籍，以提升业务水平时，可其他室友不是聊八卦，就是打扑克，吵得她不得安宁，根本无法静下心来学习。

到了周末，嘉雯想去图书馆看书，但室友却说："好不容易放假了，何必把自己逼得这么紧？走吧，跟我们一起逛街去！"

嘉雯很想拒绝，但她怕室友会不高兴，也担心自己表现得"不合群"，会遭到室友的排斥，于是她总会假装很开心地跟着室友一起出去，但她内心其实一点都不快乐。

每次从外面回来后，她都觉得格外疲倦，心中也会为自己浪费时间而感到后悔、惋惜，但下一次室友再邀请她，她还是会点头同意。

平时室友们有事需要帮忙，像取快递、代打饭、代买东西等琐事都会找她去做，她只要没有特别的安排也都会答应。

时间长了，大家都觉得她性格随和、很好相处，但她自己却觉得越来越烦躁。

她不明白为什么自己明明有很多想做的事情，可只要别人一提要求，她就会不由自主地让步……

嘉雯的苦恼正是因为界限不够清晰而引起的。室友们整夜吵闹，使她无法安心学习，这本身就是一种对个人界限的侵犯，可她却不敢对室友表示出任何的不满情绪；室友邀请她一起逛街，还让她帮忙做事，占用了她的时间，消耗了她的精力，可她却没有勇气说出拒绝的话。

她害怕室友会不喜欢自己，会抱团排斥自己，这说明她对“自我”和“界限”没有清楚的认识，总是习惯性地关注他人对自己的看法，试图用别人的眼光认识和评价自己，因而导致“界限”越来越脆弱，甚至开始瓦解，而自己也感到十分痛苦和不安。

在界限心理学中，像嘉雯这样的人属于“顺从者”，他们的共同特点是不敢对坏事说“不”，即不敢拒绝自己不喜欢的事情，在他们的习惯用语里很少会出现“我反对”“我不喜欢”“这样不对”“请你停止”这样的说法，一味地顺从只会让他们屈服于别人的要求。

这个案例也提醒了我们，想要拥有健康的人际关系，一定要改变讨好他人、向他人轻易妥协的做法，同时要不断强化自己的界限意识，形成自我的清晰“轮廓”，而不需要去接受他人印象的投射。

下面，你可以对自己的人际关系进行分析和评估，看看自己是否拥有足够的“界限意识”。

第一，家庭关系中的界限意识。

在一个家庭中，界限意识清晰的人能够感受到来自家人的关心和支持，可以自由地与家人分享快乐、分担忧愁，但同时也会保留自己独立的物理和心理空间，而这一点也能够得到家人的理解。

相反，那些界限意识不清的人却会有一种受到束缚的感觉，他和家庭成员之间的关系靠得太近，甚至已经产生了窒息的感觉；他没有保留隐私的权利，也没有独属于个人的空间，他的一举一动都会影响到整个家庭，可能会引起其他人的异常反应。

第二，朋友关系中的界限意识。

在与朋友相处的时候，界限清晰的人能够与朋友互相信任、互相依靠，在彼此需要帮助和支持的时候，双方都不会吝惜贡献自己的力量；与此同时，朋友之间也会尊重彼此的选择，不会强迫对方按照自己的意愿行事。

相反，界限不清的人容易与朋友的生活、事务过分交缠在一起，他们往往同进同出，努力保持相同的频率，一旦有一方做出了不一致的选择，就可能引发激烈的冲突；不仅如此，这样的友情还具有“排外”的特点，也就是说他们会有独占对方的欲望，不允许对方结交新的朋友。

第三，工作关系中的界限意识。

在工作关系中，界限清晰的人会自觉地尽好工作职责，不会随意跨界干涉他人的工作；遇到他人需要帮助的时候，他会根据自己的能力和实际条件选择答应或拒绝，而不会为了“不得罪人”就违心地接受对方的请求。

相反，界限不清的人常常会分不清自己该做什么、不该做什么，他们可能还没处理好自己手头的工作，就忙着为别人收拾烂摊子，结果让自己疲惫不堪、心力交瘁。他们可能会被人称为“老好人”，这是因为他们从来都不敢拒绝他人，可这样做的代价却是让自己的时间和精力被白白耗损。

总之，界限意识就像是人际关系中的一道城墙，它能够为你提供保护，使你拥有自己的“心理领土”，并可从中汲取安全感。你只有不断加固界限意识，才不会让自己变得软弱，也才能够吸引那些志同道合的人，并可以和他们建立可持续的、充满关爱的关系。

界限模糊：陷入纠缠不清的困境

界限不清常常会引发“界限模糊”“界限僵硬”等多种问题，其中“界限模糊”指的是个体对自己和他人的责任、权利范围无法进行准确的界定，以致个体与他人之间的界限是模糊不清的，因而既无法保护自己的个人界限不受侵犯，又不能约束自己不去侵犯他人的界限。

这种“界限模糊”的状况会投射到一个人所有的人际关系中，可能发展出不健康的“关系”，也会让身处“关系”中的所有对象感到痛苦、愤怒和压抑。

25岁的小希在家中排行老二，小时候，父母的注意力都集中在漂亮大方的姐姐和年幼的弟弟身上。小希长相不突出，性格又有些内向，不知不觉成了父母忽视的对象。

为了让父母多关注自己，小希只能让自己变成最听话的孩子，她循规蹈矩，不敢越雷池一步，只为听到父母的一句赞扬。

上学以后，她拼命用功读书，成绩从来没有掉出过班级前五名，之后更是顺利地考上了重点中学、重点大学，但她从来没有为自己的勤奋和聪明感到骄傲过，她只是想用这种办法为自己找回一些存在感。

毕业后，她找到了一份不错的工作，在公司里，她处处“与人为善”，从来不懂得拒绝他人提出的不合理的要求：同事让她帮忙，她就算再忙，也会点头答应；上司经常给她分配额外的工作，却不给她应有的报酬，她也不敢提出异议……

不久，她和一位同事坠入了爱河。她非常重视这段关系，约会的时候从来不敢迟到，见面了也总是顺从对方的心意，哪怕对方提出的建议是她不喜欢的，她也不会去反驳……

但是她的内心却很少能够感受到快乐和满足的情绪，她总觉得在一段段关系中，自己没有获得对方的重视，辛苦的付出也没有得到应有的回报：在家庭中，父母最疼爱的还是弟弟，只有在她拿薪水回家的时候，他们才会对她露出笑脸；在公司里，所有人遇到难题的时候，都会在第一时间推给她，但却没有一个人真正地尊重她、体谅她；在感情生活中，她掏心掏肺地对恋人好，可对方却因为她“没有性格”，最终选择离开她……

小希遇到的众多问题其实都可以归结为“界限模糊”。在她身上，出现了互相矛盾的两种状态：一方面，她过分地渴望他人的重视和关爱，并会因此过度依赖于他人，甚至会以牺牲自我利益的方式来获得他人的好感，以求维持眼前的这段关系；另一方面，她也意识到自己原本的欲望、需求并没有得到满足，她真正的自我也一再被压抑，这让她心中充满委屈、烦恼、痛苦等负面情绪。

在现实生活中，类似小希这样陷入困境的人并非少数，心理学家在研究了大量的真实案例后，总结出了以下几种最为典型的“界限模糊”问题：

第一，“自我意志”与“他人意志”的界限模糊不清。

这种情况常常出现在有“讨好型人格”的人身上，这类人对自己的心理界限没有清楚的认知，不愿甚至害怕说出自己的想法，因为他们很不喜欢不被接纳的感觉，所以他们总是把真实的意愿藏在心里。

在各种人际关系中，讨好型人格者总是把自己放在一个极低的位置，他们习惯于站在他人的角度考虑问题，即使委屈自己也要迎合他人；而且他们特别善于道歉，哪怕有些事情并不是自己的责任，他们也会希望用主动道歉来缓和关系、避免冲突；他们也不懂得拒绝，因为他们总觉得拒绝对方就会引起对方的厌恶，而这会让他们的心中平添内疚感和罪恶感。

本节案例中的小希就是一个非常典型的讨好型人格者，她总是希望通过讨好和迎合的方式，与他人保持和谐的关系，但这恰恰是对自己的背叛。因为没有清晰的界限，无论在什么样的关系中，像她这样的讨好者都很难赢得他人真正的尊重。他们只有认真地倾听自己的需要，不再勉强自己去迎合他人，才能逐渐远离讨好型人格。

第二，“自我责任”和“他人责任”的界限模糊不清。

有这种情况的人常常会把自己视为他人的“救世主”，从内心深处把别人的事情当成自己的事情，然后过分卷入其中，对他人横加干涉、过度保护，甚至把帮助他人当成自己的责任和义务。

在家庭关系中，常常会有这类缺乏界限感的“救世主型”父母存在，他们喜欢插手子女的一切事务，总觉得脱离了自己的帮助，子女就会立刻陷入困境。但随着子女不断成长，他们的自我意识逐渐增强，就不再需要这种无微不至的“拯救”，与父母的各种矛盾就会不断滋生，作为“救世主”的父母心中也会有一种强烈的失落感。

心理学家还发现在很多企业中也常常存在这样的“救世主型”领导，他们在与下级、平级相处时同样有界限不清的问题，往往表现得过度热心、爱管闲事，有时还会大包大揽地干涉不属于自己职权范围内的事情，因而会给人留下“控制欲强”的不良印象。

事实上，这类人最需要拯救的正是他们自己。他们必须厘清人际关系中的各种界限，不随意插手他人的事务，也不过度付出，才不会在不知不觉中对他人造成过多干扰。

第三，“自我情绪”与“他人情绪”的界限模糊不清。

有这种情况的人在心理学上被称为“高敏者”，是一类特别容易受到他人看法、意见、情绪影响的人。心理学家通过研究发现，这类人的情绪心理界限十分不清晰，他们往往很在意别人对自己的看法，有时又容易卷入他人的情绪和事件之中，让自己长时间处于情绪波动状态，无法维持正常的工作和生活。

很多高敏者都会厌恶自身所处环境中发生的冲突，比如目睹了一场激烈的争吵，或者只是周围氛围变得有些紧张，都会让他们感觉不适。

为了照顾他人的情绪，他们在体贴和帮助他人方面又会表现得十分尽心，但这也会让他们觉得身心疲惫。而且他们很不擅长把自己从别人的痛苦之中抽离出来，这更是会让他们的心灵不堪重负。

高敏者最需要给自己的情绪设立应有的界限，不要把别人的事当成自己的事，也不要把别人的情绪当成自己的情绪。只有这样，高敏者才能让自己的身心得到自由，而不会让自己成为他人情绪的牺牲品。

第四，自我界限已经丢失殆尽。

这种情况常常出现在有依赖型人格的人身上，这类人缺乏独立意识，习惯接受他人控制；他们也不知道该如何对他人设定界限，总是无理由地认为他人比自己优秀，比自己能干，并会理所当然地将他人视为靠山。时间长了，他们会变得越来越懒惰、脆弱，缺乏自主性、独立性，同时，他们也会因为丢失了自己的界限而感到压抑、羞愧和痛苦。

在生活中，依赖者往往与“救世主”相对，在那些惯于以拯救的方式和子女相处的父母身边，常常会出现这种“依赖型孩子”。他们习惯依靠他人来做决定，成年以后也难以负担起重要的责任。

想要避免这样的结果，依赖者们就要努力消除原生家庭在自身性格、心理方面留下的不良印记，并要从矫正日常行为习惯开始，逐渐找回自己的心理界限，让自己成为不依赖他人也能好好生活的人。

第五，“自我界限”和“他人界限”完全糅合。

这种情况是一种特殊的极限模糊问题，也被称为“共生”，指的是一类人需要与他人共生才能生存下去。

很多共生者不愿意厘清自己和他人的界限在哪里，只好不断地麻痹自己，把共生意识当成自己的意识。在共生者身上，“分离焦虑”的问题往往表现得十分明显，对他们来说，分离是一件非常可怕的事情，会给他们带来巨大的精神痛苦。所以为了避免分离，共生者会无原则地讨好、依赖与自己共生的一方，以求继续维持这段关系。

共生者的人生是悲哀的，他们的自我已经彻底丧失，会不停地允许和纵容对方践踏自己的界限，然后会变得更加软弱，由此就会形成一种恶性循环。

共生者想要摆脱这种状态，就要有壮士断腕的勇气，要承受住分离的剧痛，并要重新振作起来，对已经糅合的界限进行彻底的切割，这样才有可能找回真正的自己。

上述这些“界限模糊”问题是非常可怕的，你需要时刻警醒自己：所有的关系都是有界限的，如果界限不清，就很难保持真正的自我，也无法建立健康的关系。

因此，你只有重视界限，为自己设立应有的界限，并坚定地保持界限，才能赢得他人的尊重，也才能获得自己想要的生活。

界限僵硬：与他人和群体的边界过于清楚

与“界限模糊”相对的问题是“界限僵硬”，指的是自己与他人、群体的边界过于清楚，甚至到了格格不入的地步。

界限僵硬的人往往有自我封闭倾向，他们不喜欢与人群保持密切接触，常常独来独往，遇事不喜欢向他人求助，也不愿意被“人情世故”所限制；而在他人眼中，界限僵硬的人是孤僻的、不合群的，是不好接近的。

20岁的成杰是一名大二学生，他性格非常内向，不擅长和人打交道。入学已有一年多的时间，他和班里的同学还没有建立起融洽的关系。平时上课他总是独来独往，走进教室后，也会坐到最后一排，刻意和其他人保持距离。

在宿舍里，成杰也是孤零零的一个人，其他几位同学有说有笑，他却从不参与。他总是默默地爬到自己的铺位上，戴上一副大大的耳机，想要隔绝外界的声响。室友对此也早已习惯，没有人会主动和他攀谈，也不会去靠近他的床铺和书桌。因为大家都知道成杰这个人特别“独”，不喜欢别人碰自己的物品。

有一次，隔壁宿舍的一个男生来和室友聊天，不小心坐在了成杰的床上，室友提醒了他，他却不以为意，觉得大家都是男生，不会在意这么小的细节。

谁知成杰回来后知道了此事，发了好一通脾气，让这个男生感到非常尴尬。从那以后，成杰的坏名声就传开了，班里的同学更加不和他来往，室友们也常常用异样的眼光看着他，让他觉得压力很大，心情也很烦躁。

成杰性格内向、孤僻，不愿意也不擅长与人交往，他在自己和他人之间，划出了一道“不容侵犯”的界限，既不打算迈出界限去结交朋友，也不允许别人跨入界限来接近自己。

这种过于僵硬的界限虽然能够让成杰获得一种心理安全感，但他的人际关系也变得十分僵化：在与同学交往时容易出现人际冲突，并且他也无法融入班集体，无法被人群接受，这会让他心中产生孤独、无助等负面情绪，有时还会引发比较严重的心理问题。

至于这种僵硬的界限产生的原因，则可能与童年时被抚养人疏远，或成长中不断遭受冷遇有关，这些不幸的经历会让人变得冷淡、防御性强，并会逐渐形成“障碍性疏离”人格。

这里提到的“障碍性疏离”是美国心理学家罗伯特·伯恩斯坦提出的概念，指的是主动疏远正常的关系，不让他人“贴近”自己。

“障碍性疏离”的形成至少会经过以下四个步骤。

第一，信任丧失。童年时父母对孩子不关心、不在意，答应孩子会做到某事，最后却屡屡爽约，会让孩子逐渐失去对他人的信任感。在他的心中会逐渐产生这样的意识：所有人都是不讲信用的，都不值得信任。

第二，拒绝接近。在与父母和其他亲人相处的过程中，孩子屡屡失望，心灵受到伤害，会对“接近”产生一种恐惧感；出于自我保护的需要，他们会主动与他人保持距离，这也使得他们的“界限感”变得过于强烈。

第三，出现防御行为。他们还会有意地回避与他人在身体和情感上的接触，平时也会显得非常固执，听不进他人的意见，有时还会过分坚持一些没有必要坚持的原则，甚至会表现出过强的敌意，因而会和他人发生矛盾、冲突。

第四，与他人隔绝。最后，他们会越来越多地生活在自己的世界里，并会对自己说：“没有人会帮助我，一切都要靠我自己。”从表面上看，他们是坚强、自信的，可在内心深处，他们又是孤独而悲伤的。

需要指出的是，在生活中也有一些隐性的障碍性疏离者，他们可能会有数量庞大的朋友圈，但细细分析的话，却会发现他们和每个朋友的关系都非常浅，结交的基础往往是工作或一些兴趣爱好，关系的程度也只是“泛泛之交”“点头之交”，缺乏情感的深度。

这其实也是一种界限僵硬的表现，是因为缺乏完善的界限意识，不知该如何把握交往的度，为了不出现错误，索性在自己和他人之间划下过于死板的“界限”。比如，被人邀请吃了一顿饭，第二天就要立刻进行回请；一起乘坐出租车，他人帮自己付了车费，就要立刻用微信将属于自己的那份费用转过去，而且数额会精确到角、分。这种“泾渭分明”的行为会让他人产生距离感，无法获得他人的亲近，也无法为自己赢得必要的人际支持。

人毕竟是社会动物，任何一个人都不可能绝对脱离他人而生存，也不可能不与他人沟通、交流。如果像成杰这样一直保持过于僵硬的界限，切断与他人发生联系的途径，无异于“画地为牢”，不仅会影响个人的生存、发展，也会有害身心健康。

因此，界限僵硬的人需要进行必要的认知调整，要让自己逐步摆脱童年的阴影，减少对他人的敌意，并可以尝试调整界限，去和他人进行友好的接触，这样才能让自己慢慢走出自设的“牢笼”，实现内心世界的稳定和平和。

理想的界限：兼顾原则性和灵活性

界限的存在对我们每个人都有着特殊的意义，它可以维护我们的尊严，捍卫我们的立场，保护我们应当享受的权益，但是我们要注意保持界限的灵活性，使自己既不会犯“界限僵硬”的错误，也不会因为“界限模糊”而受到牵累，这样才能找到对自己最为有益的理想的界限。

很多人认为理想的界限是可望而不可即的，其实你只要兼顾原则性与灵活性，就能够在自己和他人之间建立起恰到好处的界限。

所谓原则性，就是内心始终有坚定不移的原则和底线，它们是你不能后退的一道防线，也是他人不能轻易触碰的红线。在界限以内，你就是自己的“精神国王”，其中的一切事务都由你全盘掌控。

至于灵活性，则是在原则性的基础上有所变通，即向外不能越界，但界限之内可以适度灵活操作，这样既不会显得僵硬、死板，也不会动摇界限的根本。

赖明和贾磊是大学同学，后来又在同一家公司的同部门工作，彼此关系也很亲密。

最近，部门里有一个出国进修的机会，他们两人恰好都符合条件，可名额只有一个。贾磊私下恳求赖明："我很需要这个机会，这关系到我年底能不能被评上'优秀'，你今年的业绩非常理想，不用担心这个问题，这次就把名额让给我，行吗？"

贾磊的请求让赖明觉得十分为难，他早就期待着能够出国学习先进的管理经验，如果这次考察能够顺利成行，对自己今后的成长和发展会有很大帮助，所以他实在不想将宝贵的机会就这么拱手让人。

但贾磊毕竟是自己的好朋友、铁哥们儿，如果直接拒绝他的话肯定会让他感到不快，也会影响两人之间的关系。

赖明思索了一会儿，用慎重的语气说道："我很理解你的心情，不过出国考察可不是咱们之间的私事，到底谁更适合接受这个任务，得由部门领导和公司高层拍板决定。不过咱俩的条件都很优秀，如果有一个人错过了机会，也确实非常可惜，我建议咱们一起去找领导商量，看看还能不能增加一个名额，这样咱们一起去进修，不但有了依靠，还能互相交流，学习效果也会更加理想。"

听完赖明这番解释，贾磊紧锁的眉头顿时舒展开了，他高兴地拍了拍赖明的肩膀："不愧是好兄弟，走，咱们一起找领导去！"

在这个案例中，贾磊提出的要求已经超出了赖明的“界限”，会让他的前途和未来遭受不少损失。

如果赖明是一个界限僵硬的人，他可能会毫不犹豫地当场拒绝贾磊，让贾磊下不来台，贾磊心中也会生出不少恼恨之意。

如果赖明是一个界限模糊的人，就有可能为了照顾贾磊的情绪忍痛放弃自己的利益，而这无疑会让自己长时间地陷入懊悔、委屈、烦恼等负面情绪之中。

幸好赖明并没有采取这两种极端的做法，他把握住了自己的界限，同时做出了灵活的调整——愿意和贾磊一起争取多一个名额。

他的这种做法就是兼顾了原则性和灵活性，不会让自己遭受损失，也不会让对方心生抗拒。就算两人提出的要求没有获得领导的首肯，贾磊也不会对他产生不满，反而会更加看重和他之间的情谊。

从这个案例中，我们可以发现，“理想的界限”其实并不复杂，只要我们按照以下几个步骤去处理，就能够解决好生活、工作中遇到的各种界限难题。

第一，倾听自己内心的感受。

不管他人提出什么样的要求，或是想要对你施加什么样的影响，你都首先要将自己当成一个独立的个体，有表达需求和愿望的权利。

你可以先问一问自己：“我究竟需要什么？什么对我是最重要的？如果我进行了让步，会不会有懊悔或委屈的感受？”

心理学家塔拉·布拉克还把这种“倾听自我”的时间称为“神圣的停顿”，是说你不必急于给对方答复，而是要先停顿一下，以便倾听自己的感受，这样才能够更好地把握自己的界限，不会让他人轻易地践踏界限，也不会失去自己的“声音”，更不会迷失在他人的意愿中。

第二，判断自己的行为会对他人造成什么样的影响。

以界限为基准，你可以大致判断一下自己的行为会产生什么样的后果。比如，毫不留情地拒绝对方，会不会让对方生气或是有受伤的感觉，而这种影响又会不会让彼此之间的关系遭到破坏。

进行了这样的判断之后，我们可以更好地体会对方的感受，可以避免选择一些过于生硬的处理方式。

第三，做好抉择：兼顾原则性和灵活性。

在进行了上述两个步骤的工作后，我们就要进入“抉择”阶段，此时一定要在“保持原则”和“适当灵活”之间找到一条通路，这样我们既不用对他人无条件妥协，也不会影响正常的人际关系。

通过上述三个步骤，你就可以建立起“理想的界限”，它会让你知道哪里是自己应当守护的“领土”，哪里又是属于他人的“疆域”。而你一方面要守护自己，确保自己的成长和发展；另一方面也要与“邻邦”保持友好，最好能够做到游刃有余，这中间的度就要靠界限——这道心理“城墙”来把握。

界限冲突：双方都不认同的界限划分

在把握好自己的界限之余，我们还要意识到他人的界限在哪里。我们既不能让自己和他人的界限交织、缠绕在一起，也不能有意或无意地踏入他人的界限，否则难免会引发矛盾。

这种矛盾发展到一定程度，常常会引发激烈的冲突，也会让本该和谐的关系变质，而这就是心理学家所说的“界限冲突”。

马悦的儿子小军今年刚满14岁，在某中学上初二。最近几年，马悦发现小军越来越难管教了。

下午放学回到家，小军扔下书包，马上捧起了手机，玩起了游戏。马悦看着着急，不高兴地说：“你就不能先做完作业再玩吗？”

小军像没听到一样，自顾自地玩着。马悦又催了几遍，小军也不耐烦了，扔下手机，对母亲喊道：“我有自己的安排，你别干涉我的自由！”

马悦十分生气，正要开口教训儿子，小军却头也不回地跑进了卧室。马悦气坏了，追进卧室，指着小军骂道：“你看看自己都成什么样子了？屋里乱七八糟，从不收拾，简直就像个垃圾场！头发长了也不剪，邋里邋遢，真不像样子……”

“你说够了没有？这里是我的私人空间，不是你说的什么‘垃圾场’！”小军竟然动手把马悦推出门去，然后重重地甩上房门，还加了一道锁。

马悦没想到儿子会这样对自己，她越想越觉得委屈，一屁股坐在沙发上，号啕大哭起来。

正在这时，马悦的丈夫下班回到家，听了马悦的哭诉后，也非常气恼。他把小军从卧室里喊出来，狠狠地训斥了他一顿，小军还想继续争辩，丈夫没有控制好情绪，打了小军一个耳光。

从那以后的几个月里，小军再也没和父亲说过一句话，马悦想和他沟通，他也总是爱搭不理……

在马悦看来，14岁的小军还只是个没长大的孩子，不会管理自己的生活，不会安排自己的学习，所以时时刻刻都需要接受自己的监督和管教，才不会走上“歧路”。

可事实上，小军已经处于自我独立意识和界限意识快速觉醒的青春期，他希望从父母那里得到更多的“权利”，希望能够自己掌控学习和生活，也希望父母不要随意“越界”对自己采取各种干涉行为。

正是因为两代人对于界限的认知有很大差异，再加上彼此之间缺乏沟通和理解，才会引发严重的冲突。

类似这样的情况在生活中并不少见，比如父母意识不到孩子的界限，对孩子过分控制、过分干涉；丈夫或妻子意识不到对方的界限，不停打探对方的隐私或是没完没了地“查岗”；同事之间没有“界限感”，常常麻烦对方处理本属于自己的工作……

像这样一方对另一方的界限缺乏认知，就会成为矛盾和冲突的导火索。那么，我们应当如何调和矛盾，减少乃至消除界限冲突呢？

第一，要准确地认识自己，承认与他人之间的差异。

无论是在家庭、职场还是交际场合，你都应当意识到自己是不完美的，并要学会接受真实的、有瑕疵的自我。

与此同时，你也要学会客观地认识他人，要允许他人与自己在认知水平、价值观、生活习惯、工作方式等方面存在差异，这样才能更好地接纳他人，避免超越“界限”以及对他人进行不必要的评价或苛责，人与人之间的关系也才不会在紧张中走向失控。

第二，减少控制他人的欲望。

心理学家认为，每个人都会有控制他人或一些事物的欲望，这就是“控制欲”。通常内心有较强不安全感的人控制欲也会更强烈，他们想要通过控制他人来证明自己的价值，但这种控制也会导致他人的界限被侵犯、被踩踏，因而常常会引发剧烈的人际冲突。

现实疗法的奠基者威廉·格拉瑟在《选择理论》中表明：“我们能控制的，只有自己的思想、感情和行为，他人是我们所无法控制的。我们需要接受这一事实，接纳这种挫败。”

这就是控制欲过强的人需要认清的事实，他们只有有意识地约束自己强烈的欲望，放弃控制他人的想法，才能让人际关系变得缓和，并能够向良好的方向发展。

第三，面对关系亲密的对象也不应忽视界限。

在与熟人、陌生人、外人相处的时候，你可能比较容易体会到界限的存在；可是在与亲密的家人、挚友相处的时候，你却很少会注意到界限，甚至还会觉得界限让关系不再亲厚。

可事实上，越是亲密的关系，就越是要小心设限，否则难免会引发混乱和冲突。就像案例中的马悦，没有在亲子关系中区分什么是父母想要的，什么又是孩子想要的，造成了界限混淆；她想要掌控孩子，让孩子顺从自己，为自己而改变，却遭到了孩子的强烈抗拒，也让自己陷入了无力和沮丧中。

界限冲突常常会像这样爆发于关系最亲密的人之间，想要避免类似问题，你就应当提醒自己：再亲密不过的人，也是各自独立的个体，在生活和情感上都有独属于自己的部分，不必非要与他人无限度地缠绕在一起。

第四，找回理智，化解矛盾和冲突。

当界限冲突发生时，又该如何去应对呢？心理学家建议要先想办法让自己平静下来，比如你可以告诉对方："请给我10分钟的思考时间，我需要冷静下来。"接下来，你可以暂时离开冲突现场，再做一些无关的琐事转移注意力，使激动的情绪逐渐恢复平静。

之后，你可以从理性的角度分析冲突的症结所在，并进行自我反省，发现自己和对方在界限认知上的差异，进而才能找到解决问题、缓和关系的办法。

在这个过程中，一定要注意不能进行简单的“对与错”的判断，也不要为事情没有按照自己的意愿发展而怨恨对方。冲突其实并不可怕，可怕的是不能以积极的态度去应对。当你能够以更开阔的心态去调整认知、分析真相的时候，界限冲突就不会那么难以解决了。

第二章
设立正确的心理界限

为什么我们总是很难设立界限

每个人都有设立界限的正常需要，但是在现实生活中，你可能会发现自己很难设立界限。

之所以会出现这样的问题，主要有以下几个方面的原因：

第一，你总是习惯于优先考虑他人的需求和感受，特别是对那些熟悉的、亲密的、在意的人，你在设立界限时，常常会不由自主地想“这样会不会伤害到他的情感”，而这常会让你的态度开始动摇。

第二，你还不能够清晰地认知自我，只能通过他人的态度、看法来描绘一个印象模糊的“自我”；你也不确定自己拥有什么样的权利，所以在设定界限时往往会十分犹豫。

第三，你还不能很好地把握一段关系，总是担心界限会对关系造成负面影响，甚至会让这段关系提前终止。

第四，对方的界限意识很不清晰，他们可能有较强的控制欲望，不懂得尊重你的界限，你会发现自己很难对这类人设立界限；另外，如果你对那些性格极度软弱、习惯依赖他人的人设立了界限，他们会表现出受伤、委屈的样子，让你感到非常内疚，从而使你对是否坚守界限产生犹豫。

29岁的武静最近每天都很烦恼，而这份烦恼的源头就是她的朋友小琪。

一年前，小琪去了外地发展，很快就结识了一个优秀的男孩，建立起了恋爱关系。武静得知这个消息后，打心眼儿里为小琪感到高兴。

从那以后，小琪几乎每天都要找武静聊天，想和她一起分享恋爱中那些幸福甜蜜的小细节。武静还是单身，听着小琪炫耀式的描述，心里难免有些不舒服，但还是一直耐心地倾听……

几个月后，小琪和男友因为性格不合分手了。心情极度郁闷的小琪更是天天找武静倾诉，有时武静还在上班，小琪就给她发来了好几条微信，内容其实大同小异，无非是："我又想他了，心里好难过，我该怎么办啊？""我现在特别烦躁，你说我该不该给他打电话呢？"

武静虽然同情她的遭遇，却也受不了这样的"信息轰炸"，便提醒她："小琪，我现在挺忙的，没时间聊天，不好意思啊。"

小琪却马上回应："那你今天几点下班？"

武静随口说了一句"6点"，没想到小琪竟在6点准时打来了电话："下班了吧，现在有时间聊天了……"

武静十分无奈，劝她说："你是不是感到挺无聊的？我觉得你可以做些有意思的事情，分散一下注意力，不要总聊这些消极的话题。”

武静的话还没说完，小琪就哭了起来：“你是不是觉得我很烦？连你也讨厌我，不想理我了吗？”

听着小琪的哭声，武静顿时心软了，她连声安慰道：“我不是这个意思，你误会了……”

武静花了不少力气才让小琪停止哭泣，可接下来，小琪又开始了她的“老生常谈”，一聊就是一个多小时。

放下电话，武静只觉得心中憋闷极了。这一通电话打乱了她整个晚上的安排，而她知道明天还是会发生同样的事情，她不知道该怎么解决这个问题。

武静把朋友的需求和感受，看得比自己的感受更重要。与此同时，她的朋友又是典型的“依赖型人格”，会过度依赖她，向她展露自己的内心世界，希望她能够理解自己，甚至可以代替自己做出某些困难的决定。

在这种情况下，设定界限必然会变得十分困难。如果你也遇到了类似的情况，就要注意询问自己这样的问题：“我是害怕伤害对方，还是担心得不到对方的接纳和认可？”

心理学家达琳·兰瑟认为，很多人无法设定自己的界限，是因为他们把别人的认可看得非常重要，而且总认为自己只有无条件地满足他人的需求，才能获得这样的认可。

然而，靠着无底线付出建立起来的关系是不平等的，它的实质是一种“讨好”和“情感贿赂”，而非正常的交往互动。

所以，想要建立和维护健康的人际关系，你就需要改变这种不良心态，要以平等的态度对待他人，并可以放心地设立自己的界限，保护好自己的权利和私人空间。这样你的内心会更加平和，情绪会更加稳定，与他人的关系也会日趋和谐。

设立界限不是自私的行为

很多人难以设立自己的界限，是因为他们害怕会被他人指责为“自私自利、只顾自己”，他们更担心这样会影响自己人际关系的和谐。

但实际上，设立界限不但不是自私的行为，反而是一种懂得自爱的表现。正是因为你开始懂得“自我”的重要性，开始爱护自己、尊重自己、对自己负责，你才格外地需要界限来满足“自爱”的心理需求。

肖玫最近遇到了一件烦心事：亲戚家的孩子考上了她所在城市的一所名牌高中，亲戚不想让孩子住校，便打电话和肖玫商量，希望她同意让孩子在她家借住，这样也能有个优越的生活和学习环境。

肖玫一听，心里就觉得很不舒服。来这座城市五年，她省吃俭用凑出了房子的首付款，又花费了不少心思，这才有了一个温馨的小家。

可自己在新家还没住多久，亲戚的孩子就要大模大样地住进来，而且一住就是三年。这三年中的每一天，她都得为孩子准备三餐，还得辅导学习，这势必会影响自己正常的生活节奏……

肖玫觉得亲戚的提议很不妥当，但她又不好意思直接开口拒绝，便推托道："现在工作有点忙，等我考虑考虑再说吧。"

过了一会儿，肖玫又接到了父母打来的电话，他们劈头盖脸骂了她一顿，说她是一个"自私自利"的人，永远只考虑自己，不顾别人，这么一点小事都不肯帮忙，害得父母在亲戚那里丢尽了面子。

被父母如此责备，肖玫十分委屈，她扔下手机，趴在床上"呜呜"地哭了起来……

肖玫真的如父母所说是个"自私"的人吗？当然不是。事实上，自私的定义是"一个人把自己的考虑或利益置于别人的利益之上"，甚至会为了维护自身利益而损害他人的利益。可是在这个案例中，肖玫只不过想好好保护自己应有的利益，想要维护好自己的物理界限，不希望自己正常的生活被他人打乱，她的选择既没有凌驾于他人利益之上，也没有对他人造成损失。

那么，肖玫的父母为什么会用"自私自利"来评价她的行为呢？这是因为他们的界限意识非常薄弱，喜欢把他人的事务和自己的事务搅在一起，也习惯把他人的感受和需求放在首位，却没有把自己看成是一个独立的个体。

更为可悲的是，父母还会按照这样的观念去教育自己的子女，使子女习惯一味地顺从他人，并会与他人发展出模糊不清的界限，有时甚至会鼓励子女牺牲自己的利益，以满足他人的需要，为他人提供方便。如果子女表示出了“不顺从”的态度，就会让他们感到非常震惊、失望和愤怒，他们还会用“自我中心主义”“只注意自己的利益，不管他人死活”之类的说法去攻击子女。

如果你在生活中遇到了类似的事情，被父母、亲戚、朋友或其他人指责为“自私的人”，你可一定要注意保持清醒的头脑，切勿受到错误观念的影响。

你应当做好以下三点，来更好地设立自己的界限。

第一，区分出重要的问题。

有时人们为了说服你接受他们的要求，会故意将几个不同性质的问题混在一起，使你感到迷惑。比如肖玫的父母将她“不同意亲戚孩子借住”与“眼中没有亲人”“只顾自己、不顾别人”混淆在一起，这就是一种扰乱视线的做法。

此时肖玫要做的就是将主要问题从中择出，然后用明确的语言告诉父母：“你们说得不对，我不是眼中没有亲人，而是不想让别人长期入侵我的私人空间而已。”

找到了主要问题，你就能够发现对方的逻辑是荒谬的、牵强的，也就不会受到对方的误导而做出不利于自身权益的选择。

第二，不要被不负责任的评论影响。

在人际关系中，你很难不受到他人的评价。由于每个人的立场、态度、认知能力各不相同，他们给出的评价不一定是客观的，而是他们内心想法的一种“投射”。

对此你应当具有分辨能力，要准确地识别出哪些评价是不负责任的、不够客观的。当你能够做到这一点，你就不会被他人的负面评价所影响，也就不会轻易陷入自我怀疑、自我否定的状态了。

第三，明确自己的界限，并要求他人尊重这一点。

最后，你要告诉那些批评你“自私”的人：“我只是比较关注个人的需求，这并不是自私，而是一种‘自爱’。在我眼中，我自己是非常重要的，希望你也能够尊重这一点，不要随意践踏我的个人界限，侵犯属于我的个人权益。”

的确，“自爱”与“自私”截然不同。自爱的人了解自己的需求，不会做损人利己的事情；自爱的人会进行经常性的反省，知道自己做对了什么、做错了什么，从而能够不断修正自己不足的地方；自爱的人在人际关系中具有保护自我的能力，他们能够顺利地设立界限，并会积极地去维护它，而这恰恰是一个人的人格趋于完善的标志之一。

因此，你完全不必把“自爱”当成“自私”，当成“不道德的”，而是应当勇敢地去做你认为正确的事，不要轻易对那些不尊重你还胡乱指责你的人让步。

设立界限并不等于表达敌意

设立界限不是自私的行为，也不是在向他人表示反抗、敌意或不顺从，这也是你应当消除的一个误解。很多时候，正因为存在着这样的误解，你才无法做出改变，最后只能对一些不合理的事情忍气吞声。

张宇在大学毕业后，回到家乡发展。他发现当地很多村民都有网购需求，可由于交通不便，每次收发快递都要去镇上的代收点，很不方便。

张宇从这件小事中发现了商机，他和快递公司合作，在村中开辟了一个快递点，除了收发快递外，平时还帮助村民代售一些土特产。

这个快递点的出现给村民的生活带来了方便，也给张宇带来了不菲的利润。他的大姨看在眼里，非常羡慕，就上门找到张宇，对他说："看你整天这么忙，真让大姨觉得心疼。要不，叫你表弟大刚来帮帮你吧，他挺勤快的，你每月给他3000元的工资就行。"

张宇确实有招聘人手的想法，但他并没打算从自己的亲戚中挑人，因为他觉得和亲戚谈钱有些“伤感情”，可经不住大姨一再劝说，他最终还是点头答应了。

第二天，大刚就来快递点上班了。张宇留心观察了他几天，发现他没有什么工作积极性，整天只知道捧着手机玩，客户上门，他却爱搭不理，让张宇十分生气。更糟糕的是，因为他的粗心大意，有几个快递包裹丢失了，张宇不得不向客户道歉，并赔偿了人家的损失。

张宇实在无法忍下去了，他打算过完这个月，就让大刚离开快递点。可当他把这个想法告诉父母后，他们却劝他：“大家都是亲戚，你不妨睁一只眼闭一只眼，别把关系搞得太僵……”

父母的话让张宇觉得很不舒服，可他又确实有些犹豫了，毕竟大刚是自己的表弟，不同于其他员工，如果直接说辞退他的话，还真有些张不开嘴……

张宇遇到的问题在现实生活中并不少见，他想要在自己和亲戚之间建立起界限，又怕这会被亲戚当作一种“表示敌意”的行为，而使人际关系走向恶化。

其实，这种对于界限的认知是不准确、不客观的。事实上，设立界限并不是为了“惩罚”对方，而是为了“保护”自我。因为你自身的感受、需求和他人的感受、需求同样重要，如果只为照顾他人的感受就要强迫自己做出牺牲，那只会让自己的内心长时间处于委屈、痛苦、烦恼的负面情绪中，并会影响到行为、言语、思维、态度。你可能会不由自主地表现出对他人的恼怒、怨恨，结果反而会影响正常的人际交往。

因此，你在设立界限时应当注意以下几点：

第一，设立界限并不会伤害他人。

你应当首先明确一点：设立界限是为了更好地保护自己的权益，而他人的权益在界限之外，所以不会受到损害。

当他人向你求助的时候，如果你确实有困难，便可以坦然地拒绝对方。比如，朋友来向你借车，而你每天都需要开车上下班；亲戚向你借钱，而你手头也不宽裕……

此时你完全可以选择用界限来保护自己的正当权益，即向对方说“对不起，我也帮不了你”，这虽然会让他们在心理上感到不太舒服，但只会是一种暂时的情绪变化，并不能称为“伤害”。

对方如果确实理解你的苦衷，是不会因此记恨你的；而那些对你的“拒绝”耿耿于怀的人只关心自己的利益，却不会考虑到你的困境，你应当意识到这一点，并可以在他们胡搅蛮缠的时候，用温柔而坚定的态度告知他们：“这就是我的底线，请不要试图超越！”

此时界限是否有效，不在于你是不是表露出了足够的敌意，而在于你是否有坚守的态度。

第二，即使你爱对方，也应当设立界限。

我们会很自然地认为有爱的关系应该是亲密无间的，而界限的存在会让自己与所爱的人之间产生隔阂。

其实这是一种“美丽的误会”，不管是在亲情、爱情还是友情中，毫无界限感都会让问题变得非常糟糕。比如关系中的一方很可能会以“爱”为名义，肆意地侵入另一方的私密空间，或者将自己的意愿和想法强加于另一方身上；而另一方为了不失去这份“爱”，只能选择顺从，从而渐渐失去自我。

这种失去界限的爱其实是不平等、不健康的，所以即使你再爱对方，也应当申明自己的立场、感受和意愿，并要求对方给予你应有的尊重，之后你才能自由地付出爱、感受爱。

不过，你在这么做的时候应当注意避免过于冲动。有的人在刚开始设立界限时，容易犯这样的错误，他们会以一种准备战斗的姿态，来到自己的父母、配偶、子女、朋友面前，理直气壮地说：“我认为你不尊重我的界限，从现在开始，这种情况必须改变！”这种过于激烈的做法确实会让对方感受到强烈的敌意，也容易遭到对方的抗拒，所以你应当采取一些缓和的措施，从小事开始逐渐设立界限，使对方能够慢慢习惯用新的方式和你相处。

第三，设立界限是有意义的行为，它对我们非常重要。

有的人可能会觉得设立界限很麻烦，不但浪费时间，还浪费精力，而且设立了界限后，如果对方不能尊重这样的界限，一切便会失去意义，所以他们会选择维持现状。

但是界限并不是没有价值的，你只有对自我界限有清醒的认识，并能够表现出维护界限的态度，他人才会尊重你的界限，才知道该用怎样的方式与你和谐地相处。

设立界限在最初可能需要花费一些时间和精力，但从长远来看，它却可以为你腾出很多宝贵的时间、精力和心血，使你能够免于陷入复杂的人际关系带来的烦恼中，也使你能够自由地过自己真正想过的生活。

因此，你应该珍视手中的选择权，设立好自己的界限，这样才能在关系中做到有礼有节、进退自如。

界限十律：掌握规则将让你更加从容

在确立“安全范围”的基础上，我们可以进一步设立无形的人际界限，而这可以按下列步骤进行：

第一，明确自己的界限是什么。

第二，掌握必要的界限定律、规则。

第三，进行“界限对谈”，使他人承认你的界限。

在这三个步骤中，第二个步骤无疑是重中之重。当你和他人相处的时候，如果能够按照规则行事，就不会为“什么可以做，什么不可以做”而感到烦恼；你也不用总是担心自己会踏入他人的界限，引起他人的不满。

掌握了界限规则，你就会有一种确定感，在与人相处时也会感觉到放松、安定和从容。

潘宏正在和朋友老田共进午餐，两人边吃边聊，气氛非常热烈。

老田忽然想到了一件事，便对潘宏说：“这周六咱俩一起去老陈家吧，我再让老陈喊上老徐，咱们好好聚一聚。”

潘宏有些为难地说：“周六不行，我们公司最近特别忙，周末肯定得加班。”

老田一听就有些不高兴了，他突然抬高声音，用略显夸张的语气说：“得了吧，谁的工作不忙呢？你可以去的，只要把事情挪一挪就好了，老朋友，这是多么简单的事情，你又何必这么不给面子呢？”

潘宏连忙解释：“我真的不是不给你面子，而是公司的事情确实没办法推托……”

可老田并不体谅潘宏的难处，还是不停地重复劝说着……

潘宏终于忍不住了，他坦言：“老田，你这其实是在勉强我，让我感觉很有压力。我知道你是好意，可有时你也要懂得尊重别人……”

老田完全愣住了，过了半晌，他才讪讪地说：“好吧，不去就不去嘛，我明白你的意思了……”

这个案例体现了设立界限必须遵守的一条基本规则：相互尊重。也就是说，你必须尊重他人的界限，理解他人的需求、选择，体谅他人的感受，允许他人对自己说“不”，在此基础上，你才能要求别人尊重你的界限。

然而在现实生活中，有很多人会像老田这样很难接受他人的拒绝，这也说明他们对别人的界限不够尊重，若别人的界限让他无法得到自己想要的，他就会感到不开心，有时甚至还会非常恼火。

这样的人就很需要将“相互尊重”的规则牢记在心间：在设立自己的界限的同时，也不要排斥、讨厌他人的界限，不要表现出轻慢他人的态度和行为，这样才有可能得到他人同等的对待。

除了“相互尊重”这条规则外，在设定界限时还有哪些要特别注意的规则呢?

第一，认清责任。

在设定界限时，你必须明确一点：你应当对关系中的某人负责，但不应当“替他负责”。也就是说，你可以承担属于自己的责任，但是不能越过责任的界限，不可越俎代庖地承担对方的责任，更不应该过度扶持、拯救对方。

第二，辨明因果。

在设定界限时，你的选择会引发特定的结果：做出正确的选择，会获得良好的结果；做出错误的选择，就要为不好的结果承担责任。因此，在做出选择前，你应当先考虑自己的行为会引发什么样的后果，这样你才能够把握好界限的分寸。

第三，看清能力。

你还应当认识到自己的能力范围和能力水平，然后以此为基础去设定自己的界限。这样你就不会勉强自己去做那些超出能力范围的事情，也不会强迫关系中的某人必须成为自己喜欢的样子。当然，看清自己的能力并不意味着就要采取消极的态度——你虽然没有能力改变别人，却可以尽己所能去善待他人，这样可以发挥出积极的影响力，既能够带动他人，也能够为自己赢得良好的人际关系。

第四，寻找动机。

你不必勉强自己去迎合对方的需求，而是要在对方提出要求之后，先询问自己，是否有动机和意愿去做这件事。如果你找不到这样做的动机，大可以坦然地向对方说“不”，并可以给出具体的原因。

第五，合理评估。

在设定界限之后，你还要合理地评估它的影响，比如它会对你和他人分别造成什么样的影响。很多人倾向于将这种影响放大，认为界限会让对方感觉痛苦，可现实情况却并没有他们想象的这么严重。对方可能会有暂时的不适应，但随着时间的推移，对方是能够摆脱这种不适应的，而你们之间的关系也能够获得成长和改善。所以，过分放大影响是没有必要的，你只有想办法给出更为客观的评估，才不会让自己受困于界限问题。

第六，积极应对。

有的人习惯设立一种“被动反应”式的界限，在他人入侵界限的时候，他们常常会隐忍以待，直到问题发展到极为严重的程度，直到他们感觉忍无可忍，才不得不做出反击。心理学家建议这类人要学会主动出击、积极应对，而不要总是强迫自己克制、忍耐。

第七，停止嫉妒。

在设立界限之后，你应当将注意力集中在界限范围之内，集中在自己身上，不要去过度渴望他人拥有的东西，否则你的心境永远不能保持平和。你会对自己的处境不满，却又无力改变，而这将成为界限稳固和发展的过程中最大的麻烦。因此，你要学会摆脱嫉妒，这样才能正视自己的选择，承担自己的责任，掌控自己的界限。

第八，保持主动。

在与他人相处的时候，如果你发现了界限问题，就要学会主动解决问题，不可消极怠慢。你可以与对方展开“界限对谈”，将问题挑明，这不但不会损害你们之间的关系，反而能够增进彼此间的了解，也能够促进界限的发展和关系的成长。

第九，自我曝光。

你还应当明白这样的事实：他人无法看透你的想法，你只有采取“自我曝光”的办法，把自己的态度、看法、感觉说出来，才能让他人了解你的界限是什么，也才能够消除矛盾，解决冲突，强化关系。

以上这九条规则，再加上“相互尊重”，就构成了“界限十律”。你只要掌握好这十条规则，再充分发挥主观能动性，就能够在各种关系中拥有恰到好处的界限。

界限对谈：找到人与人之间的界限平衡点

在“界限十律”中，我们提到了“界限对谈”的概念，它是由心理学家亨利·克劳德提出的，指的是在设立界限的时候，你应当开诚布公地与关系中的另一方进行沟通。

在这种“界限对谈”中，你应当注意表现出自己的诚意和责任感，这样能够让对方放松心理戒备，也能够避免出现界限冲突问题。

刘伟和王璐是一对年轻夫妇，不久前有了自己的孩子。为了照顾孩子，王璐不得不回归家庭，做了一名“全职妈妈”。她每天不光要陪伴孩子，还要料理家事，忙得不可开交。因为要长时间抱孩子，她总是觉得腰酸背痛，一心盼着丈夫能够早点下班回家，让自己可以稍微休息一会儿。

可是，正处于职业上升期的刘伟也并不轻松。自从妻子辞职后，全家的经济重担都压在他一人肩上，让他一刻都不敢放松。在公司的时候他总是表现得格外积极，希望能够获得升职加薪的机会，以缓解经济压力。每天下班回家后，他总觉得十分疲惫，根本打不起精神照顾孩子。

王璐对刘伟的态度很不满意，她认为自己辛苦了一天，晚上理所应当拥有自己的“放松时间”，但刘伟却不能把责任承担起来，害得自己不得不像机器一样连续运转。

王璐本想好好地责备刘伟一顿，可她转念一想，觉得带着情绪去谈话，可能会让刘伟恼羞成怒，到时候不但解决不了问题，还会让两人之间出现隔阂。

于是王璐考虑了一番，找了一个合适的时机，请刘伟和自己好好地谈一谈。刘伟有些惊讶，但看到王璐的表情那么认真，他也受到了感染，接受了她的请求。

王璐用诚恳的语气说：“我知道你最近压力很大，回到家就想坐下来休息休息。可是你总是玩手机，不但会损害视力，还会耗费脑力，这样反而起不到放松的作用。其实你可以把手机放下，去和宝宝玩一会儿，多看看她可爱的笑脸，你就不会觉得那么累了。而且你能多陪陪宝宝，我就有时间做一些自己的事情，心情也不会这么烦躁了……”

听完王璐的话，刘伟有些惭愧，他不好意思地说：“之前是我太自私了，没有考虑到你的难处。以后我一定会改进的，你就看我的表现吧……”

当王璐意识到自己的界限与丈夫的界限发生冲突之后，她没有选择采取争吵、退让、冷战等消极的方式去解决问题，而是勇敢地跨出了第一步——主动邀请丈夫进行“界限对谈”。

这次对谈让丈夫认识到自己的错误，并能够主动检讨，问题也得到了较好的解决。

当然，这次“界限对谈”之所以能够起到如此理想的效果，是因为王璐注意到了一些非常重要的因素。

第一，在对谈前，要设身处地为对方着想。

无论是夫妻关系、亲子关系，还是职场关系、社交关系，只要出现了界限问题，你都需要先冷静下来，倾听自己的心声，发现自己的核心需求，然后再去设身处地地想象对方的真实需求，这样才能找到一个平衡点。

之后，你可以由这个平衡点入手去展开对谈，对方就会知道你确实是在为他着想，也就更容易接受你的提议或要求了。

在上面的案例中，王璐就注意到了丈夫也有“渴望放松和休息”的需求，她从这一点出发，找到了平衡点——丈夫用陪孩子的办法放松，自己借机处理个人事务，这样丈夫的需求和自己的需求都能够获得满足。对于这样的好提议，丈夫自然也会欣然接受。

第二，在对谈中，要避免过于生硬的态度。

在进行界限对谈时，你还要注意避免采用批评或指责的态度：切忌一开始谈话就生硬地指出对方的错误，并责令对方“应该”做到某些事情。否则，会让对方有一种被控制、被支配的感觉。对方可能会因此心生不满，届时他不但不会接受你的要求，反而会故意抵触，这样只会让问题变得更加严重。

因此，你可以像王璐这样用一些婉转的说法来代替直白、生硬的说法。比如，你可以在某些方面先肯定对方，让对方知道你是重视他的；你还可以为自己做得不够好的地方道歉，表示自己会承担应有的责任，同时暗示对方也应当这样做，这样的交谈方式往往能够起到非常理想的效果。

第三，在对谈快结束时，要给出具体而明确的解决方案。

在界限对谈的最后，你可以把自己的感受讲给对方听，并可以针对当下的具体问题给出你期望的解决方案。

在提出方案时，美国著名临床心理学家汤玛斯·戈登建议试试这样的句式："当你……（可以描述一下具体的行为）的时候，我会感到非常……（具体描述自己的情绪）。我希望你能……（陈述自己的要求、期望），这是因为……（陈述客观的原因）。"

使用这种句式的好处是让对方的关注点转移到你的情绪、感受上，这会让对方意识到他的选择是非常重要的，能够对你产生很多积极的影响，这样他才会更加愿意为你做出改变。

需要指出的是，一次界限对谈不一定能够解决所有的问题，对此你不必心急，不妨把每一次对谈都视为强化界限、改善关系的机会。随着对谈次数的增加，双方之间的误解得到澄清，关系也会慢慢出现转机。

建立自己的界限支持系统

在设立界限时，你还可以考虑寻求他人的协助，以便建立起自己的“支持系统”。良好的支持系统会让你更有安全感，当遇到界限难题的时候，你也能够获得有效的指导和支援，使你能够更加自信地确认并保有自己的界限。

28岁的嘉怡参加工作四年，因表现出色，升职做了部门主管。可事业一帆风顺的她，情感世界却是一片空白——她至今都还没有正式谈过恋爱。上学的时候，父母对她严加管束，不让她谈恋爱；毕业后她又一头扎进职场，没有时间好好谈一次恋爱。

这两年，在家人的催促下，她尝试接触过几个男生，其中也有条件不错的，可交往了一段时间，两人关系逐渐亲密后，嘉怡却觉得很有压力，想要提出分手。

嘉怡的朋友安佳见她总是愁眉不展，便主动询问她是不是遇到了困难，有没有自己可以帮忙的地方。

嘉怡沉默半晌，才哭着说：“我不知道该怎么和他相处，的确，我们互有好感，可一提到谈婚论嫁的事情，我就感到紧张、恐惧，只想赶快逃离。”

安佳对嘉怡的过去非常了解，她叹了口气，问道：“还是因为你家里的事情吗？”

嘉怡点头道：“是的，我爸爸和妈妈相处的方式让我感到害怕。妈妈从来不会顾及爸爸的感受，永远按自己的意愿行事；爸爸生活得非常压抑，经常借酒浇愁，还说自己没有自由，没有个人空间，活得实在憋屈。我不喜欢妈妈的做法，却不敢劝她，怕她连我一起责骂；我觉得爸爸可怜又窝囊……我真担心自己的婚姻也会变成这样。安佳，你说我该怎么办呢？”

安佳沉吟片刻，安慰嘉怡道：“你父母的关系如何是他们夫妻之间的事情，必须由他们自己来解决，作为子女，你也没办法代替他们做决定，所以你只要扮演好自己的角色就可以了。而且我建议你把他们的做法当成错误的范例，在和男朋友相处的时候提醒自己注意规避，这反而会让事情向好的方向发展，你觉得呢？”

听完安佳的话，嘉怡若有所思地点点头：“看来我需要调整一下自己的思维模式了。”

嘉怡的父母不会处理婚姻关系中的界限：母亲太过强势，不断入侵父亲的界限；而父亲又一味隐忍，致使自己的界限被侵蚀殆尽。这种痛苦的婚姻关系给女儿的心理蒙上了阴影，使她感到惶恐不安，也无法把握好自己与爱人之间的界限。

幸好在关键时刻，嘉怡找到了自己的“支持系统”——一位善解人意的朋友安佳。安佳不但给了她精神上的慰藉，还向她提供了有建设性的意见，让她对“如何设立界限”这件事情有了新的认识。

当你为界限问题彷徨不安的时候，不妨像嘉怡这样寻求“支持系统”的帮助。一个完备的“支持系统”包括你的亲人、朋友、同学、老师、同事、邻居、上下级、合作伙伴等，当然也包括由陌生人组成的社会服务机构。

很多人身边并不缺乏这样的人际网络，但是他们宁愿独自承受生活的困苦，也不愿意向他人倾诉，像这样自我封闭、自我戒备，是无法建立起自己的支持系统的。如果你也有类似的问题，就应当注意从以下几个方面进行调整，使自己能够拥有良好的“支持系统”。

第一，摆脱“自我封闭”心理。

没有人能够离开他人的配合、扶助而独立发展，你只有与他人保持亲密互动、接受他人的关怀和支持，才能获得安全感、归属感、温暖和爱。因此，你应该敞开心扉，向外界汲取必要的能量。

这一点在设立界限时尤为重要，当你对界限感到焦虑或内疚的时候，他人的意见与指导能够帮你扫清困惑，使你有足够的信心去处理各种界限难题。

第二，建立多层次、多样化的支持系统。

在你的支持系统中，亲人、爱人会占据非常重要的位置。毕竟，他们与你的情感牵绊是任何人都取代不了的，你可以将自己的喜悦、烦恼分享给他们，遇到了困难也可以寻求他们的意见。

另外，知交也会成为非常重要的支撑力量，你可以将自己的为难之处向他们倾诉，获得他们的开解、安慰，也可以听一听他们给出的建议。而在校园、办公室及其他情境中，你也可以建立起相应的支持系统，使你能够获得理解和帮助。

在建立支持系统的时候，心理学家提醒你要注意保持“成分”的多样性，也就是说，你的支持系统不能是单一的性别，年龄也不能太过单一，你要注意和各个年龄段、不同性别、不同特点的人打交道，这样才能从他们各自不同的经验和感悟中获得有益的启发。

不仅如此，你的支持系统中还要容纳那些能给你提出不同意见的人，他们所说的话虽然会“不中听”，但对你设立界限却大有裨益。

第三，注意维护自己的支持系统。

支持系统也是需要付出情感去经营和维护的，否则你和他人之间的感情会逐渐淡漠，支持系统也会逐渐瓦解，到你需要帮助和指导的时候，就会发现自己连一个可以说话的人都没有。

因此，你一定不要忽视了与他人之间的联系，平时要多和他们保持互动交流，这样危机来临的时候，他们才能在第一时间发现你的困境，了解你的需求，并会给予恰如其分的支持，使你能够顺利地解决各种界限问题。

此外，你还要注意支持系统应当是双向的，在他人向你提供支持的同时，你也应当自觉地成为他人的“坚强后盾”——在他人需要的时候毫不吝惜地付出，这样你们之间的关系会更加紧密，支持系统也会更加稳固，更加持久。

第三章

跳出界限迷思

摆脱巴纳姆效应：独立、客观地认识自己

当你完成了设立界限的任务，想要认识并保护好自己的界限，就要先学会独立、客观地认识自己，只有这样，你才能更好地定义自己的界限，而不会轻易受到他人的影响和摆布。

但是在现实生活中，人们往往很难做到这一点。在认识自我时，外界的信息会对自己造成暗示作用，他人的言行也会在无意中成为你行动的参照系，这会引起自我知觉的偏差，会让你勾勒出与真实的自己相去甚远的自我形象。在这种情况下，你对于界限的认识也必然是模糊不清的。

在心理学上，这种被外界信息影响自我认知的情况，被称为“巴纳姆效应”。由于这种效应的存在，人们在听到一些笼统的、模糊的、带有广泛性的话语后，就很容易对号入座，觉得这些话语正是在描述自己的人格特征。

为了验证巴纳姆效应的真实性，美国心理学家伯特伦·福勒曾经精心设计了一个实验。他邀请了一批大学生，发给他们每人

一张测试卷，让他们根据试卷上的描述语选择“是否符合自己的实际情况”。

测试结束后，福勒收集了试卷，根据学生的选择情况进行评分，最高分为5分，最低分为0分，最后计算出的平均分是4.26分，这说明学生们普遍认为那些描述语与自身情况非常契合。

然而，学生们并不知道，福勒给他们的描述语其实是一模一样的，比如：“你祈求受到他人喜爱，却对自己吹毛求疵”“你拥有可观的未开发潜能，却尚未显出你的长处”，“你喜欢一定程度的变动，并在受限时感到不满”“有些时候你外向、亲和，充满社会性，有些时候你却内向、谨慎而沉默”……

这些话语都是福勒从星座书上收集来的，它们看上去很有道理，可实际上就是一些模棱两可、适用于大多数人的人格描述，但学生们却对此笃信不疑。

这个实验也说明很多人无法清晰地认识自我，这一方面是因为自己不能站在理性的角度做出公允的判断，另一方面则是受到了外界信息的暗示，不知不觉对那些笼统的描述产生了认同感，以至于得出了与事实不符的结论。

在巴纳姆效应的作用下，你的自我认知会变得不全面、不准确，由此也会造成很多负面结果，更会影响你对界限的掌控感。比如，你对自己的评价过低，导致自卑心理严重，此时你会过度关注他人对你的看法。当你和他人交往时，对方可能只是对你开了一个无伤大雅的玩笑，你却敏感地认为对方是在挑战你的界限，并会因此生出强烈的恼怒、嫉恨情绪，严重影响人际关系的和谐。

想要解决这样的问题，你就应当学着摆脱巴纳姆效应对自己的影响，并要从以下这几个方面出发，去全面、公正地认识自我。

第一，克服本能的自卑心理，完全接纳自我。

受困于巴纳姆效应的人往往会有一种本能的自卑心理，他们倾向于接受外界那些关于自己良好人格特征的信息，却会否定那些说自己“不够好”的信息，而这只会让他们更加迷失自我。

因此，心理学家建议人们一定要全面而清醒地认识自我，要承认真实的自我总是由“好”和“不够好”的部分组成的，并要勇敢正视那些“不够好”的地方，这样才能完整地接纳自己，并能够逐渐克服自卑心理和消极心态，进而能够以更加积极、从容的态度去守卫自己的界限。

第二，尽量从理性角度对自我做出判断。

北宋诗人苏轼曾经在诗中写道：“不识庐山真面目，只缘身在此山中。”这句诗恰到好处地说明了正确认识自我是十分困难的，因为人们很难跳出自己的角色限制，无法像局外人那样，以客观的态度观察和评价自己。相反，人们常常会从感性角度出发来进行自我分析，并会不自觉地带入过多的情绪，而这必然会造成理性的缺失。

于是你可能会放大自己身上“好”的那部分，以至于产生了盲目的自信；可有时候你又会刻意夸大“不够好”的那部分，于是开始怨天尤人、失落颓废，没有勇气去改变不良现状。此时如果再有一些外界信息对你进行干扰，你就会更加确信这种偏颇的判断。

所以，你应当避免带着情绪去判断，在进行自我评估时应当以理性思维为主导，这样才不会犯这种“当局者迷，旁观者清”的错误。

第三，提升自己对外部信息的心理防御力。

随着你的判断力、自信心不断加强，你的自我认知将会更加独立、客观，不会再轻易被外界信息所左右。

此时你对自我界限的觉知力也会得到提升，能够准确分辨出他人的哪些行为是在碰触你的界限。

比如，有人试图用不切实际的恭维来扰乱你，想趁着你沾沾自喜的时候为自己攫取利益。这时你就应当从精确的自我认知出发，快速衡量这种恭维话是真心的夸奖还是别有用心的吹捧，那么对方的真实意图便会暴露无遗。

你可以像这样不断提升对外部信息的心理防御能力，长此以往，便可彻底摆脱巴纳姆效应，在与人交往时也不会轻易陷入对方的思维框架，更不会允许对方随意践踏你的界限。

剖析羞耻感，原谅自己的软弱

在人际互动的情境中，羞耻感常常会不请自来。特别是在你不小心触碰他人心理界限、引起他人不适的时候，心中就会涌起羞耻感。这会提醒你注意尊重他人的底线，避免给双方造成尴尬。

羞耻感可能会让你感觉痛苦，但它却能提升你的界限感，还能帮你维护人际关系的和谐。若是一个人不具备羞耻感，就无法分辨自我和他人的界限所在，也就无法做出尊重他人界限的良好选择，更无法和他人建立起健康、密切的关系。

宁远大学毕业后一直在上海工作，他通过自己的努力，用了七八年时间攒够了首付款，购买了一套住房，让自己的生活质量提升了一个层次。

过年的时候，宁远带着女朋友回到老家，与父母团聚。老家的亲戚听说他在大城市买了房，纷纷赶来为他道喜。大家都夸他“真有本事”，让他心里美滋滋的。

这天，一位远房的叔叔来家里做客，酒足饭饱之后，叔叔先是好好地夸奖了宁远一番，接着就开始诉说自己遇到的难处，说自己做生意遇到了资金问题，周转不开，希望宁远能借给他一笔资金，最好不少于10万元。

宁远十分震惊，他连忙解释道："叔叔，我刚买了房，手上没有什么闲钱了。"

叔叔一听就不高兴了，拉长了脸道："没钱怎么能在上海买房？你是不是瞧不起我，觉得我还不上这个钱啊？"

宁远只好实话实说，告诉叔叔自己的收入只能算是中等水平，而且买房也只付了首付款，每月还要还几千元的房贷，面临的经济压力也不小。

可即便如此，叔叔仍然不肯放弃，他拍着宁远的肩膀说："那这样吧，你先借5万元给叔叔，5万元你总还是有的吧。"

宁远苦笑一声，摇头道："真的没有，我现在手头十分拮据，确实帮不上您的忙。"

"哼！"叔叔眼看借钱无望，立刻翻脸道，"说来说去你就是不借对吧，那以后咱们这门亲戚就算断了！"

看着叔叔远去的背影，宁远觉得十分无奈。后来，他才知道这位叔叔所说的"做生意"其实都是谎话。他平时生活非常奢侈，喜欢穿名牌、抽好烟，钱却都是向别人借的，而且只借钱，从来不提还钱的事。亲戚们都被叔叔借遍了，没人愿意再借钱给他，没想到他竟然借到宁远头上了……

这位叔叔就是一个没有羞耻感的人，他眼中只有自己，没有他人，不会为自己侵犯他人界限的行为感到难堪。在与人交往的时候，他缺乏审慎的态度和对分寸的把握，没有应有的自尊心、同理心，这必然会让人际关系受到损害，也会让他成为人们眼中不受欢迎的人。

这个案例也告诉我们，在人际交往中，一定程度的羞耻感是必需的。古希腊哲学家毕达哥拉斯曾经要求人们对自己的言行进行反省，并要对“卑劣的行为”感到羞耻、悲哀和恐惧，对“善良的行为”则应感到欣喜。

英格兰哲学家沙甫茨伯利也指出：道德上的善恶主要取决于感情系统中的羞耻感。也就是说，羞耻感是个人自我道德意识的一种表现，而良知是羞耻感的主要作用机制，自尊则是羞耻感的前提，一个没有自尊的人是不会知耻的，更不会自责。因为缺少了“健康的羞耻感”，他们总是会像这位叔叔一样肆意践踏他人的界限，并会对他人的不适视若无睹，这样的人其实是非常可悲的。

不过，在保持健康的羞耻感的同时，心理学家也提醒人们，要注意避免羞耻感的“过度”问题。

你可以从以下三点来判断自己的羞耻感是否过度。

第一，羞耻感持续的时间过长。

健康的羞耻感持续时间一般比较短暂，你很快就会冷静下来，并会告诉自己：“下次我不会再像这样碰触他人的界限。”可要是羞耻感一直在你心中萦绕不散，无论你做什么，都会不由自主地想起这件事，并会感觉羞愧、痛苦、懊悔，这就属于过度的羞耻感，会给你带来极大的心理压力。

第二，羞耻感引发的负面感受过于强烈。

健康的羞耻感通常会伴随着正面价值，会督促你认识到自己身上的问题，使你能够及时修补受损的人际关系；而过度的羞耻感却会引发强烈的负面感受，会让你陷入痛苦中难以自拔，甚至会觉得自己是毫无价值的。

第三，羞耻感引发了逃避心理和逃避行为。

健康的羞耻感虽然也会引起自我否定和逃避行为，但你不会深陷其中，而是会进行积极的反省，之后便会采取行动改善自己。而过度的羞耻感却会让人出现两极化的反应：性格外向者常常会因内心极度的羞愧感而变得愤怒，继而就会对他人做出嘲讽、贬低、指责等攻击行为，其实他们是想通过这样的方式来缓解羞耻感带来的痛苦体验；至于那些性格内向的人则更有可能采取远离社交圈子的办法，以避免再次体验羞耻感，但他们的行为越是退缩，自我越是封闭，就越是会感觉孤独难耐。

那么，在羞耻感过度的时候，应当如何进行自我调整呢？首先，你应当充分理解羞耻感，要找出它的来源，并要勇敢地面对它。其次，你要学会正视羞耻感和它引发的一些负面情绪，不要逃避，也不要为此自卑、沮丧；如果你感觉情绪难以缓解，不妨找一些信任的人进行沟通，之后你可以在他们的安慰下逐渐摆脱过度羞耻带来的困扰。最后，你应当注意把自己的羞耻感逐步转移到有益的目标上，比如可以利用羞耻感来提升自尊心和界限感，这样羞耻感才能真正发挥积极的作用。

走出“受害者心态”，学会为自己负责

“受害者心态”是一种常见的错误认知。有这种心态的人无法区分自己和他人的责任界限，常常会将自己遇到的一切不顺利、不愉快的事情归咎于他人，认为整个世界都在与自己作对，每个人都想算计自己，因而会怨天尤人、牢骚满腹，整天说自己是一个可怜的“受害者”。

在受害者心态的影响下，这类人很少会去想办法改变境遇，而是会让自己时时刻刻陷入悲伤、自怜的情绪中，表现得非常消极和被动。

32岁的朱倩是一位全职妈妈。生下孩子后，因为家中老人身体不好，不能帮忙带孩子，她不得不辞掉工作，回归家庭。

但是家中经济条件本不富裕，现在又少了一份收入，日常开支变得紧张起来。朱倩需要精打细算，才能勉强维持家用，这让她的心情很是焦虑。

最近，朱倩听说小区的几位年轻妈妈都去参加了瑜伽班，以调节情绪、改善体形。朱倩也很心动，可她看了看这个月的账单，只能叹口气，打消了这个念头。

等丈夫回来后，她忍不住发了牢骚：“要不是因为你，我怎么会过上这样的日子。你怎么就这么没出息，为什么不能学学别人的老公？”

丈夫辛苦工作一天，回家还要被她如此数落，心里自然很不舒服，可想到她为家庭的付出，又不忍心和她争吵。

可朱倩却把丈夫的表现当成“理亏”，从那以后，她几乎每天都要抱怨不已，说自己是“不幸的”，还说这一切都是丈夫的错，如果当年没有嫁给丈夫，自己就一定能够过得很好。

在她日复一日的抱怨下，丈夫越来越不想与她沟通，两人之间的关系岌岌可危……

在朱倩身上，能够发现典型的受害者心态，她会不由自主地放大自己的“不如意”，甚至把一些小事看成灾难，并会认为所有不好的情况都不是自己的责任，而是受到他人“加害”的结果。

她无法在自己的责任和他人的责任之间划分明确的界限，而且她很害怕要承担责任，便选择这种消极逃避的方式，用“都是你……”“要不是……”等句式把责任推卸给他人。

在生活、工作中，从来都不缺少朱倩这样的人，在他们身上会表现出以下这些明显的特点：

第一，倾向于放大问题的后果。

有“受害者心态”的人遇到难以解决的问题，或是遭受一些挫折，就会不由自主地放大其后果，认为自己遭受了极大的损失。比如朱倩就是因为无法参加瑜伽班而情绪爆发，其实这只是一件无足轻重的小事，并不会造成非常严重的后果，但朱倩却本能地认为自己应得的利益被丈夫“夺走了”，所以会对丈夫责怪、抱怨不休。

第二，对责任界限缺乏明晰的认知。

有受害者心态的人不善于为不良后果承担责任，他们总是本能地认为他人应当对自己糟糕的状态负责，心理学家称之为“替罪羊心理模式”。

能够为自己找到一个替罪羊，会让他们获得一种优越感和自我价值感，可以让他们总是站在道德的制高点上，居高临下地质问替罪羊：“这一切都是你造成的（不是我的责任）……”

第三，拒绝考虑解决问题的办法。

有受害者心态的人在推卸完责任后，会将自己置于被动的地位，认为自己做什么都是无济于事的。所以他们总是忍受问题的存在，哪怕这会让他们感觉痛苦、烦躁，也不能促使他们开始考虑如何解决问题。

可以肯定的是，受害者心态会在不知不觉中消耗一个人的激情和活力，让人习惯于不负责、不行动，由此便会错失很多让自己改变的机会。

那么，有受害者心态的人该如何进行心理调整呢？

第一，在受害者心态出现时，要及时觉察。

想要摆脱受害者心态，首要的一点是调用“元认知能力”及时觉察这种心态。所谓“元认知能力”，就是个体对自己认知加工过程的自我察觉、自我反省、自我评价与自我调节。

比如，在遇到不如意的事情时，你的认知会自动对他人进行评判和攻击，认为眼前的一切都是“他人的错”；此时你就应该如当头棒喝般提醒自己立刻停止错误的认知，并要冷静下来，看到其中的非理性成分，像这样对于认知的再认知就是元认知能力。

最初你在调用元认知能力的时候，可能会觉得十分吃力，心中也会觉得有些委屈，但随着元认知能力不断提升，你就能够更加迅速地发觉错误认知的存在，也能够避免自己被受害者心态随意摆布。

第二，要学会自我质疑。

在觉察到受害者心态后，你要做的是对错误认知进行质疑。比如，在认为自己遭到了“加害”，想要责备某人的时候，你应当问一问自己：“这件事真有我想象中那么严重吗？我是否已经把自己当成了‘受害者’？”“这件事真的是对方的责任吗？我是不是又犯了‘受害者’的老毛病，把本属于自己的责任推给了对方呢？”

像这样积极地进行自我质疑，能够帮你看清楚自己所处的环境，也会让你逐渐养成正性思维模式，遇事能够先从自己身上找问题，而不是企图让全世界都和自己保持高度统一。

第三，要学会对自己的人生负责。

“受害者”还要注意区分责任的界限，在感觉自己有界限不清的问题时，要回头审视一番，看看到底是哪个层面出现了问题：是自己不能独立承担属于自己的责任，还是过度承担了属于他人的责任？

一旦分清楚哪些问题属于自己的责任，你就要让自己勇敢起来，要把注意力集中于问题的解决上。

为此，你需要全面、客观地分析问题，找出可行的解决方案，再将方案付诸行动。

在这个过程中，你的角色会从消极的“受害者”逐渐转换为“主动者”“客观者”“睿智者”“挑战者”……

最终，你会彻底地成熟起来，成为一个拥有清晰界限感的人，能够为自己的现状、未来负责，“受害者心态”也将彻底远离你。

停止“无效焦虑”，别太在意别人的看法

“无效焦虑”，也叫“无用的焦虑”，顾名思义，就是没有价值、没有必要的担忧、烦恼。面对界限问题，有不少人常常会陷入这种“无效焦虑”，他们会为一些停留在想象中的问题焦虑不已。

比如，他们会情不自禁地想象：我的界限会不会伤害到别人？家人会不会因此而疏远我？朋友会不会因为界限不喜欢我？领导会不会觉得我这个人很多事？……

这些其实都是“无效焦虑”，因为它们并不能够解决当前的问题，相反，它们还会让你陷入一种负面的、消极的、无法自拔的情绪当中。

朱静最近非常烦恼，因为住在对门的邻居每天都会带着孩子来串门，让她不堪其扰。

朱静的女儿小月刚满2岁，邻居的儿子涛涛比小月大半岁，正是活泼好动的时候，一进门就到处乱跑，还经常抢夺小月的零食和玩具，气得小月哇哇直哭。

朱静心疼女儿，忙把她抱起来，温柔地安慰她。邻居却在一

旁说："小月，好东西要和哥哥一起分享，不能这么小气哦。"朱静心里很不舒服，却不知该如何反驳，只能勉强地笑笑。

眼看到了吃午饭的时候，邻居仍然不肯回家，朱静又不好意思催促他们，只好将饭菜摆上桌，再试探性地问他们："要不，你们就在我家将就吃点？"

她以为邻居会明白自己的"暗示"，主动提出离开，哪知人家竟然爽快地拿起了筷子，抱着孩子在桌边坐下，嘴里还说着："没事，我们不挑食，有什么吃什么……"

朱静心里憋闷极了，却还是赔着笑脸和他们一起吃饭。饭后，邻居还没有离开的打算。朱静只好说："小月下午要睡会儿觉，涛涛，你也回家午睡吧，睡够了觉，个子才能长高啊……"

邻居这才带着儿子回家了。可过了两个小时，小月还没睡醒，邻居又来敲门了。朱静心中厌烦，故意不给他们开门，他们就一直敲个不停，朱静无奈，只好开门让他们进来……

朱静也想过要拒绝邻居，可她又怕这样做会让邻居不高兴，影响邻里关系，日后还要经常见面，到时肯定会非常尴尬。于是她一直忍气吞声，没有开口。而邻居却把这当成了一种鼓励，越发喜欢赖在她家不走。朱静心中十分烦躁，脾气变得越来越差，晚上也睡得很不踏实……

朱静想要对邻居设立界限，不想让他们再来打搅自己的生活，可她又担心这样做会引起不好的后果。为了这件事情她纠结不已、左右为难，最终陷入了焦虑状态，而这种焦虑对于解决问题没有任何帮助，显然是一种“无效焦虑”。

对于无效焦虑，有没有什么好的解决办法呢？心理学家给出了这样几条建议，可供焦虑者参考。

第一，不要过于在意他人的看法。

那些过于在意他人看法的人常常会陷入无效焦虑中，这是因为他们把自我价值建立在了别人的评价上，如果别人给出了好的评价，他们就会认为自己是有价值的，反之则会认为自己没有价值。

这类人为了得到他人的认可，往往会勉强自己去做不喜欢的事情，或是让他人随意进犯自己的界限，可这无疑会让自己感到痛苦、焦虑。

想要改变现状，你就需要丢弃那个不断迎合他人的“假我”，并要努力寻回真实的自我。这个“真自我”不可能让所有人都满意，但却会让自己的内心得到释放，也有助于走出焦虑不安的状态。

第二，避免将注意力集中在消极后果上。

在“无效焦虑”的背后藏着“灾难化思维”，它是一种常见的认知扭曲，指的是过分夸大事情的消极后果，对未来持有非常消极的预期，并会把微小的失败、挫折看成一场灾难。在灾难化思维的驱动下，你常常会用“万一……怎么办”的句式来思考界限问题：“万一她因为界限生我的气，怎么办？”“万一他因为界限离开我，怎么办？”……

此时你会把注意力放在界限可能带来的消极后果上，却不会去关注界限给你带来的好处和收益，这样的认知对于消除焦虑有害无益。

为此，心理学家鼓励你进行“自我质询”，即对自己提出一系列问题，再逐一进行解答。

比如：“我为什么会这么想？”“这样想为什么会让我感到恐惧、焦虑、烦躁？”“之前我曾经遇到过这样的情况吗？我是怎么解决的？”

在自我质询的过程中，你可以逐渐挖掘出脑海中那些不合理的信条，并从实际出发，客观地评估现实情况，然后试着用一些积极的想法来解释自己正在担忧的问题。

第三，寻找可控因素，减轻无效焦虑。

想要减轻或消除无效焦虑，你还需要思考改变的途径，好让那些恼人的事情可以在当下就能被解决。

事实上，大部分看似无法掌控的事情，只要你愿意付出努力，还是能够从中挖掘出可控因素的。

比如“无法拒绝邻居带孩子来访”这件事情，从表面上看似乎难以解决，但只要你能够下定决心立好界限，拒绝让对方进门，问题便可迎刃而解。

当然，为了避免邻里关系恶化，你可以采取一些委婉的方式，比如告诉对方最近要带孩子去亲戚家，或是要去上早教班，家里一整天都没人，邻居也就不好前来滋扰了。

按照这样的办法，只要你发现自己处于无效焦虑之中，就可以停下来思考：这件事情中有没有我能够控制或者影响的因素？如果答案是肯定的，你就可以把可控因素都列举出来，再设计好具体的行动方案，以便尽快解决问题。

如果暂时找不到可控因素，心理学家建议你可以给自己准备一个“焦虑杯”——把焦虑的事情写在纸条上，投入这个杯子，然后告诉自己暂时放下，等以后有能力、有条件的时候再去处理这个问题，现在则不必为之过度焦虑。

跳出“情绪错位”，别用内疚感折磨自己

在设立、维护界限的过程中，你可能会受到“内疚感”的困扰。你会觉得自己对不起别人，并会过度反思自己对别人造成了哪些伤害，然后会为此内疚、自责不已。

张莹在某公司的后勤部门工作，她每天都要处理各种各样的琐事，经常忙得不可开交。可就在这种情况下，财务部的一位同事小罗还总是来麻烦她。

小罗自己在公司外接了私活，每天需要打印大量文字材料，而张莹的座位附近恰好有一台打印机，所以小罗总是请张莹帮忙，还对张莹说：“拜托你了，我是真的不会用打印机。”

张莹花费了不少时间，帮她打印了一次材料。等她下次再来时，张莹就说：“打印机的操作非常简单，我教你一次，下次你就可以自己打了。”

小罗自己试了试，觉得非常麻烦，便对张莹说：“还是你来吧，你比我有经验，能够节省不少时间。我现在还有事，先去忙

了，一会儿过来取材料哦。”

张莹一下子就觉得心里很不舒服，她想：“小罗不是自己的上级，又是在做自己的私活，凭什么命令我呢？”

于是好脾气的她第一次说出了拒绝的话语：“我也很忙，你自己的事情还是自己做吧。”话一出口，她忽然有些后悔了，觉得自己的表现有些过分。

小罗也没想到张莹会这么说，她尴尬地笑笑：“好吧，我自己来就好。”

从那以后，小罗再也没来后勤部找过张莹，张莹明知道这不是自己的错，却还是觉得非常内疚，那种感觉就像是自己被拒绝了一样……

同事用自己的私事占用张莹的时间，浪费她的精力，张莹本应当理直气壮地申明自己的界限在哪里，让同事知难而退。可她在拒绝同事后，内心却产生了强烈的内疚感，并且感觉“像是自己被拒绝了一样”，这就是一种典型的情绪错位，属于心理学上的“移情”概念。

正是因为她对同事被拒绝的痛苦产生了移情，才对这种痛苦进行归因，认为是自己的行为所导致的后果，继而产生内疚、懊悔的情绪。

根据心理学家霍夫曼的“虚拟内疚理论”，这种内疚感还会受到以下因素的影响：

第一，既往经验的多少。如果你以前曾经被他人伤害过，有过类似的痛苦体验，或是过去曾经在无意中伤害过他人，感觉到了内疚，这些都属于“既往经验”。这样的既往经验越多，就越容易产生内疚感，哪怕有时候自己实际上与此事无关，也会不由自主地陷入内疚之中。

第二，道德水平的高低。一个人的道德水平越高，越容易受到内疚感的困扰。哪怕用社会公认的道德标准来衡量，他的做法是无可指责的，他也会因为自己没能向他人提供帮助或是对帮助犹豫不决而感到内疚。

第三，关系的密切程度。双方之间的关系密切程度也会影响内疚感。霍夫曼在研究中发现，“内疚事件”多涉及关系亲密的人或有直接关系的人，也就是说，在彼此具有紧密联系的时候，最容易因对方所受的伤害或感受到的悲伤而产生内疚感。

如果你不对这种内疚感进行及时处理的话，就会给自己带来过多的心理压力，并会影响你对自我界限的确认度，所以你应当想办法克服过度的内疚感。

第一，对自己的内疚感进行正确的评价。

在内疚感袭来时，你首先要对这种情绪进行客观的评价，比如可以问一问自己以下这些问题：

1. 我真的做了伤害他人的事情吗？

2. 我的所作所为有没有违反公认的社会道德规范？

3. 他人受到的伤害与我的行为有直接联系吗？

倘若上述三个问题的答案都是否定的，就说明你的内疚感是没有必要的，你应当停止对他人的过度关注，转而倾听自己的感受，以帮助自己摆脱莫名的内疚感、罪恶感和亏欠感。

第二，减少不正确的“向内归因”。

在遇到不如意的事情时，主动寻找外部因素，以推卸自身责任的行为被称为“向外归因”；而主动反省自己的行为，愿意承担责任的做法就是“向内归因”。

适度的向内归因可以强化一个人的责任感，能够推动自我完善和发展，可要是过度向内归因，就会引发强烈的内疚感，更可能引起认知偏差，使你无法正确地认识和评价自我。

因此，在内疚感产生后，你应当主动纠正自己的归因习惯，要注意不要把所有的问题都归结为“自己做得不够好”，同时要划分清楚自己和他人之间责任的界限，不要勉强自己承担不属于自己的责任。

第三，识别那些由他人刻意施加于你的内疚感。

在人际关系中，有的人常常会把施加内疚感当成一种操控手段，用来影响你的情绪，使你在内疚、自责的同时不得不放弃自我界限，对他们做出妥协。

比如你的朋友会对你说：“这点小忙你都不肯帮我，你觉得好意思吗？”此时你就应当马上识别出这是一种操控手段，同时要提醒自己，千万不要因为朋友的说法而感到内疚，更不应该随意改变自己的意志。

你要做的是明确自己的界限，并坚守自己的价值取向，然后对那些越界的行为说“不”；同时你还要保持清醒的头脑，不要在他人施加的内疚感中痛苦不已。

修补情感创伤，找回内在安全感

你可能并没有意识到，过去的创伤经历不但会极大地影响你对自我的认知，也会对你的界限意识造成不同程度的负面影响。

为了找回内在的安全感，跳出界限迷思，你需要正确地认识创伤，还要学会修补创伤，重建自信心和界限感。

骆冰是一个漂亮、开朗的女孩，可是在经历了一次失败的感情后，她发现自己的内心发生了变化。

前男友小唐和骆冰其实并不是一类人，开始他们互有好感，很快就确立了恋爱关系，但随着交往的深入，骆冰却越来越不开心。

小唐几乎从来都不赞美她，对她的兴趣爱好不屑一顾，有时她想发表自己的观点，小唐就会开玩笑似的与她抬杠，还常常会说一些带有贬低意味的话语。

时间长了，骆冰觉得自己好像真的是个一无是处的女孩，甚至还会觉得自己配不上小唐。又过了一段时间，小唐主动提出了分手，骆冰没有询问他理由，就点头表示同意。

分手后的很长一段时间，骆冰都有些“走不出来”，她觉得自己就是“不够好”，是“不值得被爱的”，这直接影响到了她的人际交往，使她从一个乐观积极的女孩变成了自我封闭、不敢与人打交道的人。

后来虽然有男生主动向她示好，她却总是回避，根本不敢让对方靠近自己。而当对方放弃追求后，她又觉得非常后悔、难过，有时还会陷入长久的自责情绪中，认为自己“什么都不是”“做什么都很差劲”……

在上一段恋情中，骆冰受到了严重的伤害，前男友不负责任地对她进行贬低和攻击，使她对自我产生了怀疑。在分手之后，这些负面评价仍然会经常性地出现在她的脑海中，并让她逐渐产生认同感，也因此导致了自信缺失和界限僵硬等问题。

在她身上，出现了比较典型的创伤性影响，最主要的表现有以下几点：

第一，创伤情景的再现。

遭受情感创伤后，一个人的脑海中可能很容易再次出现当时的情景，而且这种情景往往是非常清晰、具体的，会让人产生很不愉快的体验，也容易引发焦虑、恐惧、自责、抱怨、失望等消极情绪。

第二，主动回避。

由于这种体验太过痛苦，你会不自觉地回避一些可能引起这种体验的人或事。就像骆冰因为不想再体验痛苦的恋爱，就采取了回避追求者的办法。

这种回避态度还会从追求者扩大到更多的对象身上，慢慢地，她就会在自己和他人之间划分出一道难以逾越的界限，也就会出现界限僵硬的问题。

心理学家还指出，创伤会直接威胁一个人对外在世界和他人的看法，使他无法对世界和他人做出准确的判断，甚至会对所有人都产生怀疑，因而无法去信任别人，也就更加处理不好与他人之间的关系。

第三，自我否定。

创伤还会打破一个人的自我价值感和自信心，会让你觉得自己总是低人一等，不值得拥有美好的东西，因而会陷入持续的自我否定，并会产生“低价值感”，由此也会影响到亲密关系的质量。

可以肯定的是，这种创伤经历如果不及时修补的话，将会对你的下一段关系造成严重的负面影响。

那么，你应当怎么修补情感创伤，重建自我界限呢？不妨按照心理学家的建议，从以下几个步骤去进行自我调节。

第一，觉察创伤的存在。

你必须先学会觉察这些创伤的存在，而不是为自己的情绪或行为找借口，这样才能更好地了解自己、完善自我。

为此，心理学家提醒你注意以下这些信号：

1.过去情感经历中发生的不愉快的事情，常常会闯入性地出现在你的脑海中。

2.你会变得非常敏感，有人无意中提起过去的人或事物，都会让你感到惶恐不安、烦恼不已。

3.即使现在情感关系比较完美，你还是会莫名地出现羞耻、自卑情绪，觉得自己“不配”得到现在的幸福，而且很担心这种幸福会突然结束。

4.你认为过去不好的经历是人生中的“污点”，并会因此感到困惑、愤懑，有时甚至会出现仇恨心理。

如果以上这几条正是你目前的状态，就说明你还受困于过去的情感创伤，需要尽早采取修补措施。

第二，承认过去的情感创伤。

很多人羞于面对自己的情感创伤，常常会尽力压抑不好的回忆，甚至会逼迫自己彻底忘记过去的事情，但这样的自我压抑反而会引发更加严重的焦虑或抑郁情绪，使你更加处理不好界限问题。

因此，心理学家建议你要学会坦然面对创伤，尤其是要直面那些让你感到痛苦、悲伤、难过的事情，然后试着找到它们对你人生的意义。这种对创伤的重新解读可以帮你释放埋藏在心中的悲伤，并能够帮助你重新认识到自己的价值，建立起对自己和对他人的信任。

第三，重新设定自我界限。

在修补情感创伤的同时，你还可以重新设定自己的界限——不要试图把自己和他人隔绝开来，而是努力建设一段全新的健康的关系，这会带给你更多的自信心。

在此过程中，你应当注意合理评估现在和过去的差异，切记要将现在的亲密对象与之前关系中的对象区别开来，不要把对过去的怀疑强加于现在。

你需要保持开放、诚恳的态度享受现在，这样当一种深刻的情感连接终于成功建立之后，你就会发现过去让你痛苦的一切其实是微不足道的。

第四章 训练自我“强势力”

完成“自我分化”，将自我独立于他人之外

一个人能不能很好地把握自我界限，在各种亲密关系中做好自己，很大程度上取决于他能不能顺利地完成“自我分化”。

自我分化，也叫“自我分辨”“自我辨别”，是由家庭治疗的代表人物马瑞·鲍恩提出的。它包括两个层面的分化：

第一，内心层面的分化。在内心层面，完成“自我分化”之后，你就能够将理智与情感区分开来。在遇到难题的时候，就不容易失去自我，不会轻易被冲动的情绪所左右；不仅如此，你还能够将理智从情感中抽离出来，从而做出理性的决策。

第二，人际关系层面的分化。在人际关系层面，你能够将自我从他人那里分化出来，在和他人相处的时候，能够始终保持清晰的“自我感”，明确自我立场、自我感受，能够清楚地表达“我”的看法，不会为了迎合他人而失去自我；与此同时，你又能够与他人建立较好的情感连接，不会因为过于强调自我而影响人际关系的和谐。

如果你能够做好这两个层面的分化，就能够变得更加自信，也能够在各种关系中展现出自我“强势力”；相反，若是没有办法很好地自

我分化，就会让自己的人生陷入一片混乱。

罗海今年33岁，是一名公务员，他有一名相恋多年的女友晓雯。尽管两人情投意合，也萌生了结婚成家的想法，但却迟迟不能提上日程。晓雯的父母与罗海见过几次面，对他非常满意，可罗海却一直没有带晓雯见过自己的父母。

晓雯心中焦急，催促了罗海几次，罗海每次都会寻找借口敷衍过去。其实他心中也很苦闷，因为他母亲一听说晓雯是外地人，就生气地摇头说："不行不行！你条件这么好，必须找个本地的对象，只有双方门当户对，日子才能过得和和美美。"

罗海并不同意母亲的观点，他不在乎晓雯的家世、背景，只喜欢她爽朗、大气的性格。可他一想要说服母亲，母亲就哭闹不止，甚至还用绝食来威胁他。罗海本以为母亲只是想吓唬自己，没想到她竟然说到做到，连续两天没有进食。

罗海担心母亲的身体，只好向母亲屈服，还违心地向母亲保证说"一定会和晓雯分手"，母亲这才感到满意。

劝好母亲之后，罗海拿出手机，却怎么都不忍心告诉晓雯自己的决定，他的心中充满了绝望和对自己的恼恨……

罗海是一个自我分化不佳的人，他不能为自己的人生负责，在关键性的人生问题上，他没有办法坚持自我，哪怕一时做出了决定，也容易因为他人的意志而发生"变节"；而且他的理智和情感是互相融合的，这让他在处理问题时极容易遭受外界的影响。

这种自我分化问题在现实生活中并不少见，而它与一个人从小到大的成长环境及家庭氛围密不可分。比如，在成长过程中一直处于父母的强势干涉之下，被剥夺了表达感受的能力，也没能建立起清晰的心理界限，长大成人后在各种人际关系中往往会处于弱势地位，一遇到压力就会自动退让、回避。

再如，从小在父母的过度宠溺中成长，无论做什么、说什么都会得到父母无条件的纵容、夸赞，久而久之，就会失去辨析自己感受的能力，在与人相处时常会掌握不好界限感。

那么，有“自我分化”问题的人，该如何去改变现状呢？

第一，清晰地描绘自我感受。

自我分化不佳的人要多倾听自己最真实的感受，并要尝试将这种感受“具体化”。比如，在感觉内心不舒服、不快乐的时候，就要用心体会和分辨，看看自己的感受是烦恼、内疚、愤怒、失望等情绪中的哪一种，然后再去回想自己曾经在什么样的情境中体会过这样的感受。这样才能更好地把握自己的感受，而不会轻易被他人的感受所影响。

第二，将感受与现实区分开来。

能够区分感受与现实，是完成自我分化的一个重要标志。你应当告诉自己，事实就是事实，而感受是大脑对事实信息加工筛选后得到的感知，与事实本身是有差异的。如果你对感受深信不疑，就可能会产生扭曲的甚至是虚假的认知。

比如，某日你的伴侣心情不好，说话时语气比较生硬，而你因此认为伴侣已经不爱自己，所以对自己不够好，并对伴侣产生了强烈的怨气，这样的认知过程就是没有将感受与现实分开，所得到的结果必然是不客观的。所以你要注意提醒自己停止这种扭曲的认知，这样才能避免自寻烦恼的结果。

第三，将理智与情绪区分开来。

当你与人发生争执、辩论的时候，当你处于情绪激烈变化的情境中时，一定要多问自己一句："现在起作用的究竟是我的情绪，还是理性的想法？"

多做这种自我诘问，能够帮你辨识出哪些行为是因一时的情绪冲动，哪些又是自己深思熟虑的结果。当你反复对比这两类行为引发的后果，就能让自己意识到冲动的害处。以后再处理问题时，就不会轻易被情绪操控而做出让自己后悔的选择。

第四，提升负责任的能力。

你要注意将自己和他人区分开来，特别是注意不要让父母影响你的决策，决定你的人生。

如果父母想要干涉你的决定，你应当坚定地表达自己的感受和意愿，以便让父母知道，你已经具备了负责任的能力，今后你的人生将以自己的意志为主旋律，而不会再由父母所说的"你应该""你适合"来决定自己的人生走向。

总之，自我分化将推动你成为一个能够自我控制、自我管理的独立、理性的人，你能够勇敢地面对自己的问题并承担责任，同时也能够客观地评价自己与他人的关系，这会让你与他人建立起健康的界限，也能够帮你解决好关系中出现的各种问题。

拒绝“贴标签”：不接受他人的恶意批评

在生活和工作中，你常常会被人贴上某些你不喜欢也不认可的“标签”吗？

这其实也是一种典型的越界行为，因为它违背了人与人之间最基本的原则：平等和互相尊重。当他人居高临下对你进行不客观的、带有贬低性质的评价时，你会有一种受到了冒犯和伤害的感觉，并有可能产生愤怒、敌对等防御反应。

除此以外，你还会受到“标签效应”的影响，这是一种常见的心理学效应，是说标签内容会影响一个人的个性意识、自我认同，并有可能让这个人不知不觉地向着“标签”喻示的方向发展。

24岁的品如被一家私营企业录用，在人事部担任职员。

这是她人生中的第一份工作，她对此非常重视，只要接到上级交办的任务，就会打起十二分的精神，认认真真地处理好各种细节，生怕出现纰漏，影响上级对自己的看法。

可是，她毕竟缺少经验，工作中难免会出现失误。她的上级又是一个严肃而挑剔的人，难免会批评她几句，有一次还当着很多同事的面对她说：“你们这些‘90后’啊，做起事情来就是不靠谱！”

品如难过极了，她躲到无人的楼道里，痛哭了一场。可哭过之后，她并没有感觉心情有所好转，反而总是无法控制地想起“不靠谱”三个字……

“或许我真的像上级说的那样，是个什么都做不好的员工。”她这么想着，心情越发沮丧、难过，对待工作也没有以前的劲头了，出错的概率更是不断提升。

时间长了，上级和同事对她越来越不满意，她自己也感觉烦恼、焦虑，却不知该如何摆脱现状……

品如遭到了上级领导突如其来的负面评价，被贴上了“不靠谱”的标签，这对她其实是很不公平的。这位领导没有考虑到她的心理承受力，当着众人的面对她横加指责，无疑也是在肆意侵犯她的心理界限和情感界限，让她感觉十分痛苦、难过。

更糟糕的是，品如对自我的认知并不全面，无法对自己真实的能力和工作态度做出客观的评价，因而很容易受到标签效应的影响，最终被负面评价带来的压力彻底压垮。

心理学家将发生在品如身上的这种情况称为“标签内化”，它会让一个人甘心接受负面标签的束缚，也会让人在不知不觉中失去真实的自我。

那么，怎样做才能有效避免标签内化呢?

第一，觉察并回应“贴标签”行为。

对于拥有较强界限感的人来说，觉察到被贴标签并不是一件困难的事情。他可能会很敏感地意识到他人正在对自己做出定义和评判，而这显然是对个人界限的一种侵犯。比如，很多“90后”在与人交往时，常常会因为自己的年龄而被莫名贴上“叛逆”“不负责任”“经不起挫折”“任性”“不踏实”之类的负面标签，显然这些标签都是明显的“刻板印象”，并不符合真实情况。

对于这种贴标签的行为，你一定要果断地做出回应，并最好能够用严肃的口吻告诉对方“我并不是你说的这种人”，或者“我并没有你所说的那种特质”，这样才能向对方表明你的态度，也可以制止对方做出进一步的越界行为。

第二，强化自我认知，给自己一个公正的评价。

如果你不想受到“标签内容”的影响，就一定要对自己有一个充分而客观的认识。

首先，你不能过高地估计自己，否则你将听不进任何评价，哪怕对方只是想要善意地对你做出提醒，并没有侵犯到你的界限，也会引起你过于激烈的反应。

其次，你也不必妄自菲薄，认为自己是一无是处、非常失败的。事实上，当他人对你做出恶意评价的时候，有可能问题出在他们自己身上，比如他们衡量人和事的标准过于严苛，看问题的角度过于偏颇，这些都会让他们无法对别人做出合理的评判。

此外，心理学家还指出，人们在评价别人时，常常会不自觉地将自己的不良情绪和行为投射到别人身上。对于这种投射式的负面评价，你就更加不必耿耿于怀。你应当停止焦虑、忧愁和自怨自艾，然后进行正确的自我评估，并坚信自己做出的判断，这样才能逐渐摆脱负面标签对自己的影响。

懂得说“不”，不做界限不清的“取悦者”

在他人想要侵入你的界限，试图让你承担一些分外的责任，或是让你做一些你不情愿去做的事情时，你应当学会说“不”，好让对方明白你的界限到底在哪里。

只有这样，你才能够更好地守护自己的界限，而不会被动地陷入无穷尽的麻烦之中。

27岁的孟辰是一名插画师，平时主要为游戏公司、出版社设计绘制宣传页、封面、插图等。

一天，孟辰接到了一个大学同学的电话，对方说自己开的网店准备换一个新LOGO（商标），希望孟辰能够帮忙设计一下。

孟辰手头已经积压了不少任务，没有什么空闲时间，可碍于老同学的情面，他实在不好意思拒绝。于是他停下手头的工作，用一下午时间精心设计了几个LOGO供同学挑选。

可那个同学收到初稿后，却感到很不满意，还对孟辰说：“这几个LOGO风格有点过时，配色也不太和谐，拜托你再帮我改改吧。你画画那么厉害，想来也花不了多少时间，对吧？”

孟辰有点不高兴，但他还是没有向同学说“不”。当天晚上，他又花了不少时间改进了设计，谁知挑剔的同学又对第二稿提出了很多修改意见……

就这样来回修改了四次，同学才勉强接受了最终的方案，孟辰也松了口气，他正发愁该如何跟同学提设计费的事情，对方却抢先发来了信息：“咱们这么好的关系，就不谈费用啦，下次你来我店里买东西，一定给你打折……”

孟辰再也忍不住了，他立刻回复道：“不行，该多少钱就是多少钱！这次为你设计的LOGO效果比较复杂，收你500元吧，请用微信转给我！”

没过多久，孟辰收到了同学发来的设计费，出于礼貌，他回复了一句“收到”，却发现自己已经被对方拉黑了……

在生活中，有很多像孟辰这样的“老实人”，他们脾气随和，又很在乎别人的感受，平时不懂拒绝别人的请求，总是尽自己所能去满足别人，结果却会给自己增加很多不必要的负担。

在下面这个案例中，一个不懂拒绝的人更是让自己的生活陷入了一团糟。

何冰在一家大公司担任经理，他工作能力很强，为人又很热心，是大家公认的“老好人”。在公司里，无论谁遇到什么样的困难，只要告诉何冰，他都会尽己所能提供帮助。

有时部门接到了艰巨的任务，到了下班时间还没完工，他会体贴地让下属先下班，自己则留在办公室里继续努力工作。平时有难对付的客户，他也会亲自出马，由此导致他周末总是要出差，很少有时间和家人团聚。

对于何冰的“热心肠”，妻子王璐颇有微词，但何冰马上给自己找到了合理的解释：“我也有我的难处，谁让我是部门经理，要承担起那么多责任呢？再说，我在公司努力工作，才能获得升职的机会，收入就能上一个台阶，你和孩子的生活品质也能得到提升，这难道不是好事吗？”

何冰这番话让王璐无法反驳，她只好独自承担家务和照顾孩子的责任，虽然自己已经疲惫不堪，却还得不时地安慰孩子，告诉他：“爸爸是爱我们的，可他实在是太忙了……”

然而，这种暂时的平静终究还是被打破了。这个周末，何冰本来答应了孩子，要带他去水族馆玩耍。可就在临出发的时候，他接到了一个下属打来的电话，说是有些工作上的难题想向他请教。

何冰本可以拒绝下属，让他等到工作日再来找自己，可他就是说不出那个“不”字。最终，他敷衍地安慰了一会儿孩子，就匆匆出门去见下属了。

当天晚上快10点钟，何冰才拖着疲惫的身子回到了家。可进门时他发现屋里竟然一片漆黑——原来妻子王璐负气带着孩子回娘家了。

何冰十分着急，连忙给王璐打电话。电话接通后，王璐用愤怒的口气质问道：“你还记不记得你是一个丈夫、一个父亲？我们一家人已经有多久没有坐在一起吃一顿晚饭了？周末人家都是一家三口逛公园、逛商场，我却永远是一个人领着孩子，或许在别人眼中，我们就是一个‘单亲家庭’……”

听着妻子的“控诉”，何冰的心中涌起了深深的内疚感。“是啊，我为什么会变成这样呢？”他在心里不住地问自己，但却怎么都找不到答案……

在孟辰、何冰身上，有一个共同的特点，就是习惯性地取悦他人，以便获得所有人的认可和喜爱。

心理学家将这类人称为“取悦者”，并尝试从认知、情感、行为等几个维度对取悦者进行心理刻画。

第一，认知维度。

取悦者缺乏清晰的事务界限意识，他们常常会把个人的价值感建立在“能够为他人付出多少”之上。如果听到对方说一句“你可真是帮了大忙”，他们就会感到非常愉悦和满足，并会孜孜不倦地继续做一些能够取悦他人的事情。

第二，情感维度。

取悦者缺乏清晰的情感界限意识，他们总觉得自己需要为他人的情绪感受负责。他们害怕自己的拒绝会让对方感到“不开心”“没面子”，所以不忍心也不愿意向对方说“不”。

第三，行为维度。

在认知、情感因素的作用下，取悦者会不知不觉地将“满足他人的请求”当成一种很自然的事情。有时他们甚至不会去思考自己行为的动机，便自动重复“取悦”的动作，直至形成一种近乎强迫性的习惯行为模式。

了解了取悦者背后的心理机制后，我们可以从以下几个方面去改变被动局面，找回自我意志。

第一，调整认知，消除“应该”“必须”的思维定式。

在取悦者的认知中，经常会出现这样的句式：“我必须满足人们对我的期待。”“我牺牲了自己的时间为他做了这件事，他应该感激我、喜爱我。”

凡此种种都属于不够理性的思维，你可以将它们一一写在纸上，再把其中存在的逻辑错误写在一旁。之后，你可以对这些句式进行改写，比如可以改成：“我不必满足所有人对我的期待，毕竟，很多事都不是我的责任，我不能让人们随意超越我的界限。”

再如：“我不能指望所有人都会感激我的付出，如果他们不做出回报，我不会耿耿于怀。同样，我也不会仅仅为了获得他人的赞美、感激而去做一些不想做的事情。”

你可以大声地朗读改写好的句式，再将它们牢牢地记在心里，有空的时候还可以常常默念以加深印象，这样可以帮助你逐渐摆脱取悦者的思维定式。

第二，整理情感，不要为拒绝感到内疚和羞愧。

取悦者往往有较强的移情能力，他们会对他人被拒绝的痛苦感同身受，并会进行错误的归因，认为这一切都是自己的行为所致，继而就会产生强烈的内疚感和羞愧感。所以为了避免产生负面情感，他们总是不敢对他人说“不”。

要改变这种情况，取悦者应当整理好自己的情感界限，不要让自己过度敏感、自动移情。为了避免产生内疚感，你可以在拒绝他人的同时尽量陈述自己的困难，使对方了解你的实际处境；之后你可以毫不吝啬地向对方表示同情，并可以为对方出谋划策。

这类友善的应对方式能够冲淡拒绝带来的不快，也能够减少你的心理负担，使你不会被负面情绪淹没。

第三，调整行为，改变下意识说“好”的习惯。

习惯性取悦者还需要进行长期的行为调整。心理学家的建议是：在脱口而出答应他人的请求前，先有意地拖延一下时间，比如可以对对方这样说：“我不确定能不能做这个，要不我晚点给你答复，好吗？”这样的拖延可以给取悦者创造一个缓冲的机会，使他们不必直面拒绝的尴尬。

当然，有时也会遇到死缠烂打的求人者，他们会在你开始拖延时不停地软磨硬泡，使你不得不在压力下屈服。此时你一定要注意保持心平气和，并要始终维护自己的界限，千万不要向对方妥协。

必须指出的是，如果你已经进行了技巧性的拒绝，却屡屡遭到对方的故意忽视，此时你应当直截了当、毫不犹豫地说“不”，而且态度必须格外坚定，要让对方知道你的界限是不可动摇的。

你可以按照上述这些方法进行调整，久而久之，便可摆脱取悦者的角色，并能自如地表达自己的意愿，也就能够拥有更加健康、成熟的个人界限。

折中应对法：折中并不代表懦弱

如果你还做不到斩钉截铁地对他人说“不”，不妨尝试一下心理学家推荐的“折中应对法”。所谓“折中”，指的是对几种不同的意见进行调和，以达到避免冲突、形成共识的目的。

将“折中”运用于界限问题上，就可以理解为不做明确的拒绝，而是用讨价还价的办法提出一个折中方案。

有人可能会将折中当成一种无奈的妥协，或是一种懦弱的表现，可心理学家指出，技巧性的“折中”有时也可以成为一种有效的自我保护方式。

小冯在临近下班时接到了来自上司刘经理委派的任务。刘经理对她说：“小冯，你抓紧时间做一下月度销售报告，我明天开会要用。”

小冯看了看那一沓厚厚的资料，又抬起手腕看了看表，露出了苦恼的表情。其实，这已经不是刘经理第一次这么做了，他经常会在快下班的时候给小冯安排一些时间紧迫的任务，让小冯颇有措手不及之感。

若是按照刘经理的指示去做，小冯就得加班到深夜，正常的生活节奏也会受到影响。可要是直接拒绝，她又担心会惹怒刘经理，也会给自己的职业生涯造成不好的影响。

正在为难之际，一位经验丰富的同事老关悄悄告诉小冯：“刘经理只是参加一个内部小会，根本用不上那么专业的报告，你只要给他做一份简单的统计资料，让他看到这个月的销售结果就可以了。”

小冯一听，颇有一种茅塞顿开的感觉，她按照老关教的方法，只用了十几分钟就完成了一个简单的数据表。

第二天，她怀着忐忑的心情将表格发送到刘经理的邮箱，刘经理看后，觉得数据简单明了、一看就懂，还夸奖了小冯几句。

小冯这才放下心来，她也终于明白想要解决棘手的问题，其实有比“直来直去”更好的办法……

在这里，小冯领悟到的“更好的办法”就是折中应对法。在刘经理提出的要求已经损害到她的利益时，她不想直言拒绝，便采用了折中的办法，用一种替代方案解决了问题，这样既维护了自己的界限，又能让刘经理感到满意，其效果比直接说“不”还要理想。

这种折中应对法可以应用在多种情境中，比如你的朋友邀请你参加一个持续5~6个小时的活动，而你又没有足够的时间，就可以这样告诉他：“实在不好意思，我那天很忙，但我会争取在活动结束前露面的。”这样的替代方案不会伤害朋友的感情，同时也能够最大限度地保护好你的界限。

不过，在使用折中应对法时，你应当慎重选择替代方案，这样才能达到理想的效果。为此，你应当按照以下步骤去行动。

第一，列出你的替代方案。

在寻找替代方案的时候，最忌犯“想当然”的错误，所以你不必急着给出答复，而是可以这样对对方说：“我需要一些时间考虑，之后我会告诉你我的想法。”

若对方表示同意，你就争取到了一些“缓冲时间”，可以先用这段时间彻底搞清楚对方真正在意的是什么，以及他究竟需要你提供什么。弄清楚这些问题，你才能够发现那些自己觉得无关紧要但对方却可能非常重视的东西，这也是替代方案能够发挥作用的最关键之处。

为此，你可以多收集一些相关的信息，还可以从对方的性格、爱好、心理、价值观等多方面入手去发现对方真正的需求。

接下来，你可以根据这种需求列出所有的方案，为了方便进行对比、分析，你最好拿出一张白纸，把所有能想到的方案都写在上面。

第二，对每种方案进行分析。

你可以在每种方案下方标明它可能产生的影响，这些影响可以是正面的、积极的，比如会让你和某人的关系更加密切，会让你获得上级的青睐，会让你在事业上打开局面，等等。当然，那些负面的、消极的影响你也应当考虑到，比如某个方案可能会让特定的对象感觉不愉快，可能会占用你的时间和精力，可能会让你的事业受阻，等等。

必须提醒的是，你不能只考虑方案给他人带来的影响，还应分析一下自己的感受，这样才不会让自己变成可怜的取悦者。

第三，综合衡量所有的替代方案，再从中选出一个效果最好的。

就用你选出的方案作为答复，来回应对方提出的要求，此时你往往会发现之前困扰你的问题已经得到了圆满的解决。

捍卫界限：理性、恰当地表达愤怒

在自己的界限和权利被他人侵犯的时候，你一定会有一种不舒服、不愉快的感觉，有时还会感觉非常愤怒，但为了不损害自己与他人之间的关系，你会刻意地压抑愤怒情绪，避免在人前“爆发”。可实际上，表达愤怒也是捍卫界限的一种方式。

美国心理学家雅克·西拉尔曾经说过：“愤怒是内心不舒服的反应，是感到不公平和无法接受的挫折引起的。”当你的界限受到侵犯、利益受到威胁时，感觉愤怒是一种非常正常的反应，你无须为此感到内疚或羞耻。相反，没有了愤怒，你反而无法在关系中建立健康的界限。

愤怒就像是一种情绪信号，提醒你注意自己的自尊、个人界限、人格、权利、利益等已经遭到了侵犯。此时你不应当逃避、后退，而是要将自己的愤怒情绪表达出来，这样才能提醒对方停止越界或侵犯行为。如果你能够成功地保护自己，愤怒情绪就会自然而然地消散，不会造成不好的后果。

小唐接到了男友打来的电话，男友说：“你的生日快到了，我在网上给你选了一件礼物，今天就能送到，希望你喜欢。”

小唐回到与人合租的公寓，看到桌上放着一个包裹，上面写着自己的名字。她非常高兴，正准备拆包裹，却发现外包装有破损，明显是被人拆开过。

小唐有些生气地问合租室友刘敏：“你动过我的包裹吗？”

刘敏用满不在乎的语气说：“我帮你收了快递，看到里面好像是件衣服，就拿出来试穿了一下，试完就放回去了。说实在的，这款式可真的有点过时，现在街上早就不流行这种风格了……”

小唐越听越气，她用严肃的语气质问道：“你为什么不经我允许，就随便乱动我的东西？”

刘敏没想到小唐的反应会这么激烈，她用嗔怪的语气说：“咱俩关系这么好，我只是试穿一下而已，你又不会有什么损失，何必这么生气呢？”

小唐再也控制不住自己的情绪，对刘敏怒道：“你也不是第一次这么做了，以前我为了不伤和气，一直都忍着没有多说，可你知道我心里有多不舒服吗？我希望你能够尊重一下我，别再做这样的事情了，行吗？”

刘敏吓了一跳，她红着脸，连声说：“对不起，对不起，我是真的没考虑这么多，以后我会注意的……”

小唐遇到了一个没有界限感的室友，经常被室友的越界行为困扰。她为了不影响彼此的关系，选择隐忍不发，结果却让自己感到非常压抑、痛苦。幸好这次她终于学会了表达愤怒，让室友明白了她真实的需求和想法，也认识到了自己的做法是错误的，这样反而能够化解矛盾，有助于缓和人际关系。

由此可见，在人际关系中适时表达愤怒是很有必要的。不过，在表达愤怒时应当注意把握分寸，要学会理性、恰当地“发怒”，这样才能在捍卫自己界限的同时，得到他人的尊重和认可。

为此，我们可以参考心理学家提供的“愤怒表达法”，来恰到好处地释放自己的情绪。

第一，用具体的话语描述自己的感受。

表达愤怒的第一步是引导对方关注你的感受，这样对方才会意识到自己的行为是不妥当的。比如你可以像小唐这样，用具体的话语告诉对方“我的心里很不舒服（很气愤、很难受、很痛苦等）”，以提醒对方注意。

在表达感受的时候，你一定要控制过于激动的情绪，不要对着对方破口大骂或大吼大叫，更不要用攻击性的语言辱骂对方“没教养”“没素质”，这样只会引起无谓的争吵，对于解决问题却不会有任何实质性的帮助。

第二，不带威胁地说出自己的诉求。

表达愤怒的根本目的是让对方认识到自己的错误，并决意在今后做出改变。所以你应当明确地说出自己的诉求，如：“我希望你以后不要再……”

在说完诉求之后，你还应当补充说明对方不这样做的后果，但要注意不能采用威胁性的说法，比如对对方说：“你再这么做，我就不客气了！”“下次我非给你点颜色瞧瞧！”

这样的威胁性说法乍听上去语气凶恶，可实际上却透露出了你内心的怯懦，而对方也会发现你的威胁不过是在给自己壮胆。

因此你一定要避免这样的说法，可以改为描述一些具体的后果，如：“你要还是这样不尊重我的话，以后我们也不必来往了……”这样对方就会明白自己的行为可能会引发严重的后果——从此失去你。显然，这种理性的表达更容易让对方看到你的原则和态度，也让你更有希望解决棘手的界限问题。

第三，给予对方发表意见的机会。

在表达愤怒的同时，你还应当注意不要滔滔不绝地说个没完，而是要给对方一些说话的时间和机会，这样你才能够确知对方已经接收到了足够的信息，也已经认识到了自己的问题。

所以，你可以在表达愤怒之后，询问对方：“你明白我的意思了吗？”“你知道问题出在哪里了吗？”“你真的愿意做出改变吗？”

像这样抛出一个又一个问题，既可以引发对方的反思，又可以促使对方表露态度，交流也可以从你单方面的自说自话变成双向互动的沟通，而这对于解决问题也能够起到积极的促进作用。

强化界限，拥有自己说了算的人生

想要拥有清晰的界限和“自己说了算”的人生，你除了要培养自我界限意识外，还需要付出持续的努力。因为界限的建设工作并非一朝一夕的事情，你不可能期待立刻改变现状。

不仅如此，在建设、维护界限的过程中，你也会受到来自他人的打击。如果你的内心不够坚定，就有可能退回到过去的舒适区中，也会让过去的努力功亏一篑。所以，你需要一步一步建设并强化自己的界限，同时还要提升自己的信心和勇气，这样才能形成稳固的自我边界。

明华今年已经30岁了，可在父母眼中，她却还是一个娇弱的小女孩。从小她就一直生活在父母的羽翼之下，父母早早给她规划好了人生的每一步。明华自己也很争气，顺顺当当地考上了重点高中、重点大学，毕业后又进入了一家知名企业工作。

父母对明华的表现非常满意，可就是担心一点：明华年纪越来越大，还没有结婚成家的打算。父母经常催促明华，让她抓紧时间寻找合适的对象相亲，可明华正处于事业上升期，根本就没有谈恋爱的打算。

父母见明华的态度不积极，心中更是焦急，不但自己劝说不止，还把亲戚们请来对明华反复进行“教育”。

明华不堪其扰，决定暂时搬出去住。当她把这个决定告诉父母时，父母的反应非常激烈，说她“长大了，翅膀硬了，就想甩掉爸妈”，父亲还指着她的鼻子骂她是个“不孝女”。

一向脾气温顺的明华终于被激怒了，她不顾父母的反对和威胁，拖着行李箱毅然走出了家门……

在外生活的日子里，明华吃了不少苦，她父母也很后悔，经常打电话给她，让她别再赌气，早点回家。明华有些动摇，可父亲的一句话又让她清醒过来。

父亲对她说：“你从小到大自主决定的事情就没有一件是好的，关键时刻还得靠爸妈！”

明华心头一震，她用力地捏紧了拳头，用坚定的语气说：“我相信自己的能力，你们放心吧，我一定会生活得非常好！”

明华渴望在自己和父母之间划出界限，想要摆脱父母的过度控制，同时也想向父母证明自己的能力，但这必然会遭到父母的抵触。幸好她在关键时刻能够坚守自我界限，这才没有退回到那个没长大的小女孩的状态，任由父母摆布。

然而，在现实生活中，有很多被界限问题困扰的人却没有这么坚定，他们可能会在他人施加阻力的时候轻易妥协，而且他们会发现这样做能够满足自己的某些心理需求。

第一，能够获得虚假的安全感。

当他们退回到界限不清的状态后，会发现自己获得了一种安全感，因为他们可以重新依附于他人，把自己和他人紧紧捆绑在一起。但这样的安全感是以放弃自我意志为代价的，时间长了，他们又会觉得不舒服，想要再次从这段关系中逃离。

第二，能够获得他人的帮助。

当他们退回到界限不清的状态后，就不用再为自己的一切负责，生活中的大事小情都会由别人来帮他们做决定。短时间内，他们可能会觉得非常轻松，可随着时间的推移，他们就会有一种失去自由的感觉，内心也会重新充满苦闷、烦躁的情绪。

第三，能够获得假想的温情。

当他们退回到界限不清的状态后，之前那些激烈反对过他们的人（如父母、伴侣、朋友等）态度会逐渐软化，各种关系也会趋于缓和，这会让他们有一种如释重负的感觉，并会开始享受他人给予的温情。但很快他们就会发现这种温情并不可靠，随着界限问题的不断暴露，各种人际矛盾又会层出不穷，他们也会感到非常烦恼。

由此可见，妥协并不会带来真正的好处：建立在他人身上的安全感会随时崩塌，假想的温情也会慢慢暴露出本来的面目。所以，想要找回真正的自我，就应当像案例中的明华一样坚定而勇敢地强化自己的界限。

界限不但能够让你更清楚地认识自己身边的人，还能帮你更加深入地认识自己。你需要弄清楚自己的界限问题，在界限被他人侵犯的时候，能够及时发现并采取补救措施；你也需要认清界限问题的起因，看看到底是哪个层面出现了问题，只有找到症结所在，才能实现根本性的转变；你还需要看清界限问题背后隐藏的心理需求，并要尝试满足需求和自我疗愈。这些都是你需要去面对的现实，也是自我成长和完善必须完成的任务。

每一次你守住了自己的界限，就是完成了一次对自我强势力的塑造。你会变得更加自信，也会生活得更加坦然、快乐。

不仅如此，你还会发现强有力的界限能够帮你吸引那些真正尊重你和在乎你的人。你可以和他们建立健康的人际关系，在这样的关系中，你既不用强求他人听从自己，也不必委屈自己服从他人的意志。

你可以更好地保护自己，去追求自己想要的东西，却不必担心他人对你的看法；你也会更加喜爱自己、欣赏自己，最终便可活出一个更加幸福、更加真实的自己。

第五章
守卫职场界限

划定“工作边界”，不要替别人承担责任

职场中需要“工作边界”，它指的是对于工作责任的界限设置。拥有了工作边界，你就可以区分出哪些责任应当由自己承担，哪些责任属于“越界”，可以合理拒绝。

工作边界会成为你的个人防火墙，使你不会为了担负他人的责任而疲于奔命、劳累不堪。

邹琪在某教育培训公司担任行政助理，由于她是新人，上级安排她和老员工季佳结为一组，让她多向季佳学习。

最初一段时间，季佳确实给了邹琪不少指点，让她很快适应了这份工作。邹琪对季佳也很感激，平时总是主动询问：“季姐，有没有我能帮忙做的？”季佳也乐得安排她做一些杂活，帮自己减轻负担。

可慢慢地，邹琪发现两人之间的关系有些“变味”了。季佳会非常自然地对她发布各种指令：“小邹，你现在到策划部去一趟，帮我确定一下这几个细节。”“小邹，你去楼下帮我拿下快

递。”“小邹，你把这份文件带给隔壁组的陈姐……”

邹琪觉得自己就像是不停旋转的陀螺，在季佳的催促下东奔西跑，忙得不可开交；反观季佳自己，却越来越潇洒惬意，甚至在上班的时候还悠闲地看起了网剧……

邹琪心中越来越不舒服，可碍于面子，她一直隐忍，没有向季佳提出意见。直到有一天，邹琪实在太忙，没有帮季佳联系培训场地，导致一场培训没能按时进行，公司也接到了顾客的投诉。

季佳十分恼火，她当着部门同事的面，厉声责备邹琪，说她“不负责任，什么都做不好，还总是笨手笨脚的”。邹琪委屈极了，当场痛哭失声。

上级听说了这件事，经过一番调查，确定问题出在季佳身上，是她没做好“分内事”，出了问题又想把责任都推给新同事。于是季佳遭到了公司的严肃处理，此后再也不敢在工作中推诿、偷懒了。而邹琪也从这件事中吸取到了教训，再也不会过分牺牲自己的时间、精力去帮别人做事了。

在这个案例中，新老员工之间就出现了“工作边界不清”的问题，老员工为了偷懒，把本属于自己的责任全推到新员工身上；而新员工为了照顾老员工的面子和情绪，不得不忍气吞声接受这种不公正的安排，结果不但让自己白白受累，还险些成了老员工的替罪羊。

无独有偶，在下面这个案例中，一位总裁和他的女秘书也因为“工作边界不清”出现了严重的矛盾。

一天晚上8点左右，某公司总裁孟金辉回办公室取东西，可他走到门口，才发现自己居然没带钥匙。

孟金辉连忙打电话给自己的私人秘书小赵，但小赵却没有接听手机。孟金辉又尝试用微信和QQ发信息，也没能联系上小赵。

此时孟金辉已经失去了耐心，把所有的怒火都发泄在了小赵身上——给她的邮箱发了一封口气严厉的谴责信："作为我的秘书，你应当随时保持待命状态，不能让我想联系却联系不上。今天因为你的疏忽，给我带来了很大的麻烦，我希望你能够认真检讨，并尽快改正自己的工作态度！"

当晚10点左右，小赵离开了朋友的聚会，查看了手机，才知道发生了什么。她正想向孟金辉道歉，却看到了那封咄咄逼人的邮件，那不客气的措辞让她当场哭了起来。

等到心情平静下来，她擦干眼泪，回复了邮件："我从到公司的第一天起，就一直尽职尽责，平时也经常无条件加班，只要是您的吩咐，哪怕再过分我都会尽力完成。我自认为是一个合格的秘书，但您却用这样的小事故意刁难我，让我实在无法忍受。我也需要有自己的私人时间，你要求我24小时待命，恕我无法做到……"

第二天，小赵向人事部门提出了辞职，公司同事知道事情原委后，都在背后指责孟金辉不尊重下属，很快，他在众人眼中的形象就一落千丈……

案例中的公司、总裁、女秘书其实都遭受了不少损失：公司失去了一位敬业的好员工，总裁在人际圈子中的声誉大受影响，而女秘书因一时激愤离职，也会给人们留下“过于冲动，不够谨慎”的坏印象。

之所以会出现这种糟糕的局面，正是由于双方界限意识不清。这位总裁自己出现了失误，却不能主动反省，反而将属于自己的责任推给了女秘书，认为都是女秘书的疏忽才会让自己陷入困境；而女秘书的邮件内容也显示出，总裁并不是第一次做这样的事情，可她却碍于领导权威，不敢表达自己的不满，也不敢划定并坚持自己的工作边界，这才让问题在日积月累中逐渐发酵，最终引爆成为一场人际冲突。

假如你遇到了类似的事情，一定要注意摆脱这种责任混沌不清的局面，争取尽早建立起自己的工作边界。

第一，学会为自己负责。

有不少职场人士一面无可奈何地承担着不属于自己的责任，一面内心烦恼、怨恨不已，在这样的状态下工作，无异于一种心理折磨。

对此，心理学家的建议是“先学会为自己负责”：你要为自己的选择、行为、情绪负责，要认识到让自己憋闷、委屈的根本原因并不是同事、领导，而是那个不能坚持界限的自己。就像上面的这两个案例，无论新员工还是女秘书其实都有自己的选择权，可她们却只想着对他人负责，以至于丢失了自己的界限，而这种情况本来是可以避免的。

第二，划定清晰、合理的工作边界。

在树立起为自己负责的意识后，你需要划定清晰的工作边界。你需要明确地知道自己的工作内容、责权范围；然后将你手头堆积的事务划分为“边界内”与“边界外”两大类。

对于边界内的事务，你应当责无旁贷、全力以赴去完成，这样也能证明自己的能力和价值；对于边界外的事务，你应当将它们还给相应的责任人，请他们尽好自己的职责，不要逃避、推诿。

第三，向他人传达你的工作边界。

为了让他人尊重你的工作边界，你需要进行必要的解释工作。比如，他们要求你替他们完成某项非常烦琐的工作，你就要坚决地说“不”。即使他们因为你的拒绝感到不快，甚至对你发火，你也要坚守界限不动摇。同时，你可以这样对他们说：“非常抱歉，我不能为你做这件事情。因为那不是我的分内事，如果我把时间都花在上面，就会影响本属于我的工作，希望你能理解我的心情。”

假如对方还要继续和你争论，你就不必浪费口舌了，只要转身去做自己的事情就好，对方自然会明白你的态度，下次也就不会再拿自己的事情来麻烦你了。

需要指出的是，有时对方可能真的是陷入了困境，需要向你求助，而不是故意想要把责任推卸给你，所以你要注意分辨求助的性质，并应当采取不同的应对措施。

如果对方确实是一筹莫展，你不妨在自己的时间允许的前提下给予对方力所能及的帮助，这样既能赢得对方的好感，有助于职场人际关系的和谐，又不会影响正常的工作边界。

划清工作、生活之间的界限

身在职场的你是否一整天都在工作，哪怕到了该吃午饭的时候也不休息？

你手头总有处理不完的文件，打不完的电话，有时下班了还不得不带着工作回家？

好不容易到了周末，家人希望你能够放下工作好好休息一会儿，你却时不时地掏出手机看一眼，生怕会错过重要的工作信息？

对于很多人来说，上述这些情景早已成了生活中的家常便饭，而工作也占据了他们绝大多数的时间，他们已经分不清工作、生活的界限。

29岁的沈茜在一家公司担任数据专员，平时工作任务非常繁重，几乎每天都要加班。有时她好不容易将手头的任务处理好，以为可以按时下班，可领导又下发了新的任务，还要求她第二天一早必须上交数据表格。

沈茜十分无奈，只好把没做完的表格带回家加班。可是在家工作，她总是难以进入专注的状态，一个简单的表格要拖到深夜才能完成，导致正常的睡眠受到影响，白天精神状态很差，心情也非常糟糕。

最近这段时间，沈茜自我感觉情绪很不稳定。以前她是一个非常乐观的女孩，很少为工作抱怨，可现在一接到新的任务，内心就会非常烦躁，还常常因为鸡毛蒜皮的小事大发脾气。她还经常感觉胸口堵得难受，到了晚上夜深人静的时候，她甚至会偷偷地哭泣……

沈茜最大的问题是没有为工作和生活划出清楚的界限，她任由工作侵占自己的生活领域和私人时间，给自己造成了极大的心理压力，身心健康也受到了不良影响。

那么，什么是工作和生活的界限呢？一般而言，这样的界限可以分为两种：

一种是地域界限，即按时上班，到点下班，平时只在办公室里处理工作事宜，使工作场所和生活区域截然分开。

另一种是心理界限，即工作时应当全身心投入，不要牵挂生活琐事；下班后则要暂时忘记自己作为“职场人”的身份，让心灵从工作压力中解脱出来。

适当的界限能够缓解身心疲惫，可以为你提供充电的机会，使你能够以饱满的精神状态投入新的工作中；不仅如此，界限还能让你有更多的时间和精力打理自己的生活，处理好与亲人、爱人、朋友之间的关系，让你能够拥有更加积极、健康的心态。

因此，你一定要重视界限，要了解自己有多少时间、多少精力、多少能力，然后依照自己的实际条件做事，这样才不会让自己的生活被忙碌的工作所充斥。

在平时的工作和生活中，你需要做到以下几点，以便更好地维护自己的界限。

第一，合理规划工作时间。

为了避免工作时间无限延长，你可以在每晚临睡前对第二天的各种事务进行合理的安排，再列出清单。这可以帮你弄清楚哪些是必须完成的工作，哪些是可以暂缓解决的事情，哪些是没有必要浪费时间的事情。

到了第二天，你可以把“要事”写在便笺上，再贴在自己眼前的电脑边，每做完一项，就可以划掉一项，这样就能够更加直观地掌握自己的工作进度。

如果在上班时间快要结束时，接到了临时加派的任务，不得不加班工作，你一定要学会集中精力、高效工作，以尽可能缩短加班时间，减少对生活时间的挤占。

第二，减少在家工作的机会。

多伦多大学的心理学家斯科特·席曼等人通过研究发现，那些让工作渗透进家庭生活的人，常常要承受更多的心理压力，容易引发急躁、愤怒、焦虑等负面情绪，也容易让家庭氛围变得非常紧张。

因此你最好还是将工作留在办公室内，同时，你还要养成良好的使用移动设备的习惯。当你离开了工作场所，回到家之后，就不要频繁查看工作邮件或是回复信息，否则紧绷的神经一直得不到恢复，就会让你感到更加疲倦。

第三，创立某种“仪式”，将工作和生活分开。

心理学家还建议你在下班后举行一个结束仪式，让大脑接收到“停止工作”的信号，就可以准备好迎接属于你个人的生活时段了。

这样的仪式不必太复杂，你可以安排一些能够让自己放松的事情，如冥想十分钟、做一做健身运动等，这些活动可以帮你减压，也能够成为工作与生活之间的过渡，可以让你更加清楚地意识到界限的存在。

第四，给自己安排“充电时间”。

很多人忙于日复一日的工作，可能没有察觉到自己的心理在巨大的压力下已经产生了变化。其实，像情绪不稳定、习惯于从消极角度看待问题、找不到生活的乐趣等情况，都是心灵正在向你发出警报。你需要重视这些信号，并要及时调整自己的心理，多为疲倦的身心“充电”。

你可以在适当的时机去做一些能够减轻压力、调节情绪的事情。比如，你可以在假日去宁静的咖啡馆、图书馆享受独处的时间，也可以到河边钓鱼，或是到郊外游玩，还可以听一听节奏舒缓、旋律优美的轻音乐，阅读一些内容较为轻松的书籍。这些活动能够让你汲取精神营养，让你的心情变得更加愉悦。

最后，你要注意保持对界限的反思，不妨多问问自己：“我能够平衡工作和生活吗？”如果你的答案是否定的，说明界限还需要调整。

你只有找到最合适的界限，才能享受工作带来的成就感、愉悦感，也才能在属于自己的生活时间里收获快乐、幸福的滋味。

小心得寸进尺的“登门槛者”

身处职场之中，难免会遇到一些得寸进尺的人，他们不懂得尊重别人的界限，常常会贪得无厌地向别人提要求。

有时他们还会使用一些技巧，比如他们会向你提出一个看上去微不足道的要求。如果你痛快地答应了，他们就会提出更大的、难度更高的要求，让你一步一步地失去自我界限，并会渐渐习惯向他们提供帮助。

这种情况可以用心理学上的“登门槛效应”来解释。美国心理学家弗里德曼在社会实验中发现，人们普遍不愿意接受他人提出的有难度的要求，因为这会让自己付出很多时间和精力。但对方的请求如果只是一些无足轻重的小事，做起来毫无难度和压力，人们往往不会拒绝“帮个小忙”，而这会让自己有一种愉悦、满足的心理。此时对方继续提出更大的要求，人们为了避免认知上的不协调，也为了给他人留下前后一致的好印象，就有很大可能接受此要求。

职场上那些狡猾的“登门槛者”，正是在利用这种心理来达成自己的目的，如果你不懂得“登门槛效应”，没有做好及时的防备，也没有表明捍卫界限的态度，就会被他们牵着鼻子走。

25岁的如雅是一个开朗、乐观、随和的女孩，在办公室深受同事们的喜爱。可是最近一段时间，如雅却总是闷闷不乐，原因是公司新来的女同事小丁让她实在不知道该说什么好。

如雅家境比较富裕，父母为她购买了一辆代步车，以方便她每天上下班。小丁听说如雅有车，住所距离自己的住处也不太远，便问她能不能让自己搭个“顺风车”。

如雅觉得这只是举手之劳，便欣然同意了她的请求，哪知道一时的好心却给自己惹来了很多麻烦。

小丁每天都要坐如雅的车，早上如雅要是起晚了，小丁还会打电话来催，说自己要早点到公司去做准备。如雅有些不高兴，但也没有多说什么。

谁知小丁越来越得寸进尺，有时她自己需要加班，也会去提醒如雅“今天晚点回家”，让如雅哭笑不得。到了周末，如雅想在家休息一下，小丁竟然发了个手机定位给她，让她去某某地接自己回家。

如雅觉得自己已经成了小丁的“专职司机”，她心里很不舒服，可碍于面子，又不好意思拒绝小丁的要求，只好一次又一次地委屈自己……

案例中的小丁无疑就是一个得寸进尺的“登门槛者”，最初她向如雅提出搭顺风车的要求，为人大方的如雅觉得这只是举手之劳，便爽快地答应了她。可小丁却从这件事上发现如雅是个“好说话”的人，于是她一次次挑战如雅的界限，每次提出的要求都比之前的更为过分。

不知不觉中，如雅陷入了“登门槛效应”，她没有坚守自己的界限，总是为了照顾同事的面子和情感一而再再而三地退让。小丁见她从不设防，必然会步步紧逼，以扩大自己的“既得利益”，但这必然会给如雅的利益造成损失，也会让如雅感觉心中憋闷、难受。

如果你身边也有这样的“登门槛者”，你就需要引起足够的警惕，要及时明确自己的界限在何处，从而避免时间、精力、财物等被他人不断侵蚀。

你可以试着从以下几个方面去进行改变。

第一，提防“登门槛者”的试探行为。

在职场中，你应该始终牢记“登门槛效应”，并要及时识破同事、上级的越界行为。比如，你刚刚帮对方做了一件无足轻重的事情，也得到了对方的感谢，可转眼间对方就提出比之前明显过分的要求，而且对方明知你会感觉为难，却还故意为之。那你就应当意识到，这是对方正在试探你的界限在哪里。

如果你在这时候选择了忍让，选择了妥协，对方就会认为你是没有底线和原则的，今后他们只会变本加厉地入侵你的界限，并会让你蒙受不少损失，所以你要做的就是明明白白地指出自己的界限在哪里，从而杜绝对方的试探心理。

第二，加固自己的心理防线。

在职场中从来都不缺少“老好人”，为了照顾同事的情感，为了不影响人际关系的和谐，他们哪怕委屈自己，也会硬着头皮答应别人的请求。

直到某个要求确实超出了“老好人”的能力范围，他才不得不拒绝对方，而这唯一的拒绝却会让之前的多次付出变得毫无意义。那些得寸进尺的“登门槛者”早已习惯从“老好人”身上获取利益，此时利益突然中断，他们只会变得恼羞成怒，并对“老好人”横加指责。

因此，“老好人”们一定要在最初就加固自己的心理防线，不要有太多的顾虑和担忧，也不必为了他人的感受牺牲自己的快乐。如果一味地妥协、迁就和纵容“登门槛者”，无异于引狼入室、养虎为患，结果只会让自己后悔莫及。

第三，有理有利有节地进行反击。

虽然我们都不喜欢“登门槛者”，但是身处职场，有时难免要和这类人打交道。此时你一定要保护好自己的界限，对于一切侵犯自己利益的行为都要勇敢地进行反击。

比如在经济方面，一定要做到界限分明，尽量不要出现钱财纠葛不清的问题。万一遇到利益划分问题，则要做到“亲兄弟明算账”，以便讨回属于自己的一切，千万不要因为害怕丢面子，而给对方留下“好欺负”的印象。

又如在工作任务方面，你也要划分清楚自己的职责界限，对于不属于自己的事务和责任要坚决拒绝，以免给对方留下幻想的空间。

很多时候，只要你能够像这样给自己设定清晰的界限，就不会给“登门槛者”留下可乘之机，你也就能够从根本上确保自己的利益不会遭受损失。

与“控制型完美主义者”和谐相处

职场中的界限破坏者，除了“登门槛者”外，还有一类“吹毛求疵者”。

如果你与习惯吹毛求疵的人一起共事，往往会产生巨大的心理压力。因为他们非常喜欢挑剔你的缺点，会从你的行为中寻找所有细小的差错。

你可能会为了取悦他们，加倍努力地做事，可结果却是徒劳——你费尽心思所做的一切都不能让他们满意，相反，他们还会无视你的感受，对你进行苛刻的批评，让你陷入沮丧、失望、痛苦等消极情绪中无法自拔。

何念在某工程设备公司担任技术支持员一职，经常需要去合作公司协助设备安装。他的上司陈经理是一个很有事业心的人，对下属的要求也很严格，经常对何念等人说：“你们要把所有的细节都做到位，要用完美的标准对待工作。”

何念觉得陈经理的话很有道理，在工作中自觉地按照陈经理的要求去做，合作公司对他的工作态度也非常满意。

可陈经理却认为这样还不够，他去何念负责的现场检查工作，竟然找出了一大堆问题。何念吓了一跳，仔细核对了一番，才发现其中很多问题并不属于自己的责任范围，可陈经理却将问题都归咎于他，还对他横加指责，说了很多难听的话。

何念有点不服气，和陈经理争辩了几句，陈经理不禁大为恼火，他指着一张图纸，厉声道："这个零件为什么缺少安装图？你为什么没有向我汇报？这总是你的责任吧！"

何念看了看图纸，心中更加委屈了，其实他早就发现了这个问题，为了不耽误工期，他还加班加点和设计人员一起赶出了图纸，工人也是按图安装的，只不过没有及时向陈经理汇报而已。他当时觉得没有必要用这种细枝末节的问题去打搅忙碌的上司，可谁能想到这件小事竟会被陈经理抓住大做文章……

何念没有再继续辩驳，他觉得自己无论怎么做都不可能得到陈经理的认同，在这一瞬间，他突然决定辞职……

何念遇到了一位惯于吹毛求疵的上级，他喜欢用"完美"的标准要求他人，容不得任何瑕疵的存在，甚至会把不属于下属的责任也归于下属，这其实是一种界限不清的表现。而与此同时，何念把上级苛刻的批评全放在心里，给自己背上了思想包袱，进而做出了冲动的辞职决定，这也是不能把持自我界限，无法将理智和情绪分开的结果。

美国的一位心理学家艾伦·卡瓦伊奥拉教授指出："吹毛求疵的人

具有控制型完美主义性格，而这种性格源自他们内心的自卑。”这类人可能是因为童年时期经常遭到家长、教师的严厉批评，内心变得非常痛苦。为了避免类似的体验，他们会对“完美”十分执着，希望能够把一切细节处理得恰到好处，这样就不会再受到别人的批评、指责；另外，他们也会用“完美”来控制和要求别人，倘若别人达不到他们心中的“高标准”，就会让他们感到非常愤怒。

在职场中如果遇到“控制型完美主义者”，选择逃避问题、逆来顺受，只会让你的界限被蚕食殆尽；可要是与之激烈对抗，或像何念这样一走了之，也会让自己的前途、利益遭受损失。

那么，你该如何在保持界限的前提下与“控制型完美主义者”和谐相处呢?

第一，与他保持一定的情感距离。

根据卡瓦伊奥拉教授的建议，对于严厉的上级、过于计较细节的同事或其他喜欢吹毛求疵的人，你要改变“取悦”他们的心态，因为这是不可能完成的任务。

正确的做法是和他们保持一定的情感距离，不要被他们的愤怒情绪影响，也不要把他们的过分挑剔放在心里。当他们对你横加责骂的时候，你更应该努力保持冷静、沉稳的态度，不要试图和他们辩论，更不要猛烈地予以还击，那只会让事情变得更加糟糕。

第二，面对面沟通，把你的想法告诉他。

面对面的沟通可以解决很多职场争议，所以你不妨放低姿态，以请教的态度表现出沟通的诚意，这会让对方获得心理上的满足感，也更容易接受你的请求。

之后你可以采用“欲扬先抑”的办法，先诚恳地表达你对他的尊重和敬意，使他获得一种心理愉悦感；接下来，你可以在他情绪放松的时候说一说自己的“心里话”，要用具体的语言描述自己的想法，使对方知道他的态度对你产生了什么样的消极影响。经过沟通之后，对方一般能够认识到自己的问题，也会减少故意挑刺的做法。

第三，换个角度思考他的做法。

在沟通之余，你不妨对自己的能力、做事风格进行合理的评估，再与对方给出的批评意见进行对比，就会发现哪些意见是合理的，哪些意见属于无理取闹。对于后者，你只要忽略就好，不必为之耿耿于怀。可对于前者，你就应当认真对待，要注意改善自己的行为。此外，你还要尝试调整自我认知，遇事不要只看表面，而是要从深远的角度去思考其意义。

比如你撰写了一份3000字的报告，准备发送给客户，上司在审核时发现一个标点符号用错了，继而对你大发雷霆。你可能会觉得难以接受，也会在背后数落上司“吹毛求疵”。

但要是换个角度思考，你就会意识到这份报告代表的是公司的形象、品质，上司对细节要求严格其实也并不算特别过分。而你没有把握好细节，体现出了个人不够专业、不够严谨的缺点，所以你应当改变态度，努力把事情做好，避免让同样的错误再次出现。

通过这样不断地进行调整，你不但能够让自身获得进步和提升，也能更好地适应“控制型完美主义者”的工作作风，与其相处也会更加融洽、和谐。

保持清醒，避免陷入“隐性操控”的怪圈

职场中的越界行为有时表现得非常明显，像得寸进尺的请求、过于严苛的要求、强制执行的方案等，都是能够分辨出来的越界，也会引起你的警惕和防范心理。

可有的时候，越界行为很不容易识别，你可能会不知不觉地接受对方的影响、操控，按照对方的要求行事，这种情况就是心理学家所说的“隐性操控”。

快要下班了，陈默收到了同事老李发来的信息：“报表做完了吗？”

陈默连忙回复：“做完了，刚刚上交。还有什么事吗？”

老李回复道：“也没什么大事，我这有一份报表需要复审，得花点时间。可今天家里有点急事，我得赶回去处理一下。你看能不能帮我……”

热心的陈默爽快地接过话头：“没问题，你去忙吧，把报表发给我就行。”

“谢谢啊，你可真是帮了我大忙了。”听着老李的夸奖，陈默心里觉得暖洋洋的。

可她并没有想到，从那以后，老李隔三岔五就会来找她帮忙，理由也是层出不穷，比如“孩子学校要开家长会”“家里来客人了，得去车站接一下”“家里停网了，得去营业厅缴费办手续”……

看着老李发来的一条条信息，陈默觉得十分无奈，为了给老李帮忙，她有时要多加班一两个小时，正常的生活节奏都被打乱了。可看着老李期待的表情，听着他的恭维话，陈默又实在不好意思拒绝……

陈默并不知道，自己已经陷入了“隐性操控”的怪圈。虽然她并不是心甘情愿地想帮老李做事，可内心深处却会自动出现这样的想法：“如果我不帮老李，他的孩子没人管、客人没人接、家里上不了网，那他岂不是太可怜了？”

于是，在同情心、保护欲的驱动下，陈默不由自主地答应了老李的请求；而老李则用真诚的眼神、亲密的语言、恳求的姿态轻易地影响了她，并慢慢地操控了她的行为。

类似这样的隐性操控情境在职场中并不少见，操控者擅长掩饰自己的真实意图，并会使用一些技巧对你施加影响。

在下面这个案例中，办公室文员佩珊就不知不觉地陷入了上司的隐性操控中。

佩珊正在为手头的工作忙碌着，她的上司马经理忽然走了过来，还递给她一大堆资料。马经理微笑道："佩珊，这是和新客户××公司有关的资料，需要稍加整理一番。我在办公室里看了一圈，觉得还是交给你最放心，我相信你不会让我失望的，对吧？"

佩珊看着那些资料，立刻意识到这不是什么"稍加整理"就能完成的工作，很有可能要花费大量的时间。可马经理的夸奖却让她有些欣喜，于是她顾不得多想，就点头对马经理说："您放心吧，我现在就开始处理。"

马经理非常满意，对她竖起了大拇指，又说道："那就谢谢你啦，记得明天早上8点前把整理好的文档发给我哦。"

"明天早上8点？这时间太紧了……"佩珊不禁面露难色。

马经理忙用鼓励的语气说："时间确实很紧，不过以你的能力，我相信这不算什么难事。所以每次遇到难题，我都会马上想到你……"

佩珊被马经理夸得有些飘飘然了，最终她拍着胸脯保证说"一定能够完成任务"，马经理这才笑眯眯地离开了。

"看来我的努力没有白费，领导确实很器重我呢……"佩珊一边陶醉地想着，一边打开了马经理送来的资料……

没过一会儿，笑容就从她的脸上退去了。因为她发现这份工作的难度远远超出想象，如果要在第二天早上8点前上交成果，她可能需要加班一整夜……

在这个案例中，“隐性操控者”马经理使用了吹捧、奉承的手段，满足了佩珊渴望被认可的心理需求，也让佩珊一步一步地失去了自己的界限，在不知不觉中接受了一个难度极大的任务。为了完成这个任务，佩珊需要牺牲自己的休息时间，还要花费极大的精力，而这一切本来是可以避免的。

分析这两个案例，我们会发现隐性操控具有一定的欺骗性、隐蔽性，很容易让人失去戒心。所以，在职场中，你需要提高警惕，才能发现隐性操控的迹象。为此，你需要注意以下几点：

第一，你们之间的关系总是以你单方面付出为主。

不管隐性操控者使用了什么样的手段，他的根本目的都是让你答应他的请求，满足他的一己私利。所以你只要静下心来衡量这段关系，就会发现你一直在充当“付出者”的角色，而对方却坦然享受着你的付出，从来不肯做一点什么来回报你的善良和无私。

第二，对方极少关注你的需求和情绪。

隐性操控者只会关注自己的利益，并会千方百计地说服你，却从来都不会体谅你。他们不关心你会遇到什么困难、受到什么损失、情绪会受到什么样的影响，哪怕这次你因为帮助他们累得心力交瘁，他们也只会一边说着感谢话，一边继续提出新的要求。

第三，对方在提出要求的时候往往会使用含糊的描述。

隐性操控者常常会有自己的一套话术，比如在提要求前会假意询问你“是否有空”“没安排吧”，若得到了他想要的答案，他就会使用一些含糊的描述来提要求，而你可能会在不清楚全部事实的情况下就答应了他的请求。

第四，对方可能会用“情谊”“道德”来绑架你。

隐性操控者可能会强调你们之间的关系不一般，或是从“道德”层面对你进行说服，使你觉得拒绝他就是一种不道德的行为。

那么，你该如何把握自身界限，摆脱职场隐性操控呢?

第一，控制好职场交往节奏。

如果你发现自己正处于隐性操控的压力下，先不要过于慌张，也不要立刻答应对方的要求。你可以给自己留一分钟的“缓冲时间”，让头脑恢复清醒，然后告诉自己：“不要害怕，不要紧张，也不要有歉疚感。”

接下来，你可以用自然的态度告诉对方：“我是真的很想帮助你，可是……”在“可是”之后，你可以找一个听上去比较合理的借口，让对方能够知难而退。这样会比直接拒绝更加婉转，也不易引起对方的不快。

第二，必要时表明自己的态度。

在你抛出借口之后，如果隐性操控者仍然对你纠缠不休，你也无须再刻意回避，而是可以用直白的语言告诉对方：“不好意思，我是真的没有时间，也没有责任做这件事情，你还是另想办法吧。”

这样对方就会明白你的界限是不可动摇的，即使他使用再多的伎俩，也无法让你屈从。对方可能会恼羞成怒，更有可能会使用指责、威胁的手段来压迫你，这样“隐性操控”就会变成“显性操控”。

此时你要做的就是继续坚守自己的界限，不要妥协。只有这样，你才能逐渐摆脱隐性操控，找回内心的安定和从容。

远离“情绪黑洞”，不做抱怨的垃圾桶

你在职场有没有遇到过这样一种人？他们总是会习惯性地抱怨各种事情，抱怨形形色色的人，似乎没有什么能让他们感到满意，感到开心。

心理学家把这类人称为“情绪黑洞”，他们对情绪边界没有清晰的认识，总是会任由自己的坏情绪随意越界；而且他们也无法体察别人的情绪变化，浑然不觉自己的抱怨已经引起了别人的不快。

对于这类人来说，抱怨只是在陈述事实，属于一种无害的行为。所以他们不会在意别人的感受，只会不停地抱怨。他们常常会将这样的句式当成抱怨的开头：“唉，你不知道我怎么会这么倒霉……”接下来，他们就会用充满否定意味、悲观态度的话语向你大倒苦水。

与此同时，被迫倾听抱怨的你却成了他们的“情绪垃圾桶”，你的时间和精力都会被吸入抱怨的“黑洞”，正常的工作节奏被打乱，工作效率不断下降。时间长了，抱怨更会影响到你的情绪、心态，你会慢慢出现无力感、沮丧感，看待问题也会变得越来越消极、悲观。

关悦是某公司的新进职员，在办公室里，只有同事梦晨和她年纪相仿。关悦主动向梦晨请教问题，性格开朗的梦晨也愿意给她一些指点，两人之间的关系逐渐亲密起来。

没过多久，关悦觉得自己已经和梦晨非常熟悉，平时说话就开始无所顾忌。她经常对着梦晨抱怨不休，一会儿说上级不照顾新人，给自己安排了这么多任务；一会儿又说公司制度不够成熟，仅仅一个报销发票的小事就要经过那么多流程，十分麻烦。

最初的几天，梦晨出于礼貌，会安慰关悦几句，还会给她提一些建议，想帮她节省时间、提升效率。可关悦的抱怨却没有停止，她三天两头找梦晨诉苦，还说了上级和其他同事的不少坏话。

关悦的频频打搅，让梦晨实在无法安心工作，但碍于情面，梦晨又不好直截了当地提醒她“适可而止”。梦晨只好一边做着手头的事情，一边心不在焉地听她倒苦水。

时间一天天过去，梦晨并没有发现，自己身上也出现了一些微妙的变化。直到有一天，一位同事提醒道：“梦晨，你最近是不是遇到了不开心的事情？怎么总是唉声叹气，笑容也比过去少多了……”

一句话让梦晨如梦方醒，她终于意识到自己应当做出一些改变了……

相信你已经发现，抱怨是一种高度有害的负面情绪，而且它具有较强的传染性。在办公室里出现了一个爱抱怨的人，很快就会将负能量散播开来，会给周遭的同事带来很多不好的影响。

这种情况就像情商之父戈尔曼形容的那样："情绪具有超强的传染性，而且会演变成情绪泛滥。它不仅会从一个人传染给另一个人，而且会从一件事蔓延到所有事，然后所有和他有关联的人或者关系都会陷入无底黑洞之中。"

那么，如果你在职场中不幸遭遇情绪黑洞，又该如何进行化解呢？

第一，一定要划定恰当的心理和情绪界限。

在职场中，你不必与他人保持过于僵硬的界限，但也要注意留给彼此一点距离，不要像对待亲密的朋友、家人那样，和同事、上级、下属无话不谈。

在进行人际沟通时，你尤其需要把握分寸。一方面，你不能随心所欲、口无遮拦地对着他人发表负能量言论，这样会侵犯对方的心理界限，让对方感觉不适，同时也会影响他人对你的看法，甚至对你的工作产生不利影响。

另一方面，你也要注意守卫好自己的心理界限，不能放任别人一次又一次地对着你抱怨、哭诉，这样才不会让自己成为别人宣泄情绪的"垃圾桶"。

第二，改变自己的"拯救者"心态。

在面对情绪黑洞时，有不少人将自己视为"拯救者"，会发自内心地同情对方的遭遇，并会试图安抚对方的情绪，为对方排忧解难。

这类人往往有较强的责任感和共情能力，但也容易因此受到负面情绪的影响，甚至被情绪黑洞吞噬。

事实上，有些爱抱怨的人并不是真想解决自己身上的问题，而是想要用抱怨的方式排解心中的压力，更有一些抱怨者会用“诉苦”来反衬自己的坚强和伟大，他们想要向办公室里的其他人传递这样的信息：我所面对的任务是艰巨的，我身处的环境又是这么糟糕，我周围的人也无法向我提供援助，可我还是坚持了下来，而且还做了不少事情。

此时他们更希望能够在心理上获得肯定和赞美，而不是你徒劳的安慰。所以你不必去勉力拯救情绪黑洞，反而应当拒绝倾听对方的抱怨。

如果对方表现得非常委屈，你也不必过于内疚、自责，因为抱怨是在侵犯你的心理界限，你有权对主动靠近的负能量说“不”。

第三，提醒自己时刻保持清醒的头脑。

抱怨的传染性非常惊人，如果你身边有人一直发出抱怨，而你又没有及时进行认知调整的话，就难免会陷入和抱怨者相同的消极思维中，并有可能会染上爱抱怨的坏毛病。

为此，你应当接受心理学家的建议，在脑海中出现负面想法时，要及时觉察，并立刻做出改变。比如，你可以马上在脑海中回想一件愉快的事情，以便暂时摆脱消极思维。

你还可以试着变换角度看待同样的事情，比如你遇到了一个非常麻烦的客户，他吹毛求疵，对你提出了很多要求，你可能会产生这样的想法：我可真是太不幸了，居然会遇到这种爱挑剔的人。这就是典型的消极思维，它会打消你工作的积极性，并会影响你的心境，还会让你也不知不觉地抱怨起来。

为了避免出现这样的结果，你不妨提醒自己换个想法：客户提的意见其实并不过分，如果我能按照要求修改，这个方案一定会变得更加出色，我也能够因此获得上级的认可……带着这样的积极思维去看待问题，你就不会被抱怨带来的负面情绪束缚住手脚，也就能够变得更加乐观、进取。

第六章

把握情感关系的界限

恋爱中的马太效应：你的过度投入会不断贬值

马太效应，本是社会心理学家和经济学家常用的术语，指的是“强者越强，弱者越弱”的两极分化现象。

而在情感关系中，马太效应同样存在。它最常出现在有“讨好型人格”的人身上，这类人在爱情中把握不好自身的界限，总是一味讨好对方、迁就对方，结果却得不到对方的珍惜，而且他们付出的时间、物质、精力越多，在对方心中就会“贬值”得越快。

相反，那些保持自我界限，注重相互尊重、平等付出的人却会散发出越来越强的魅力，牢牢地吸引住对方，也能让爱情持久保鲜。

莎菲喜欢上了一个优秀的男孩，尽管她知道对方对自己不感兴趣，却还是忍不住关注对方，向对方表达爱意。

听说对方喜欢留短发的女孩，莎菲毫不犹豫地将一头乌黑的长发剪短了。

知道对方喜欢玩网络游戏，莎菲特地到他所在的服务器上注册了账号，想要在游戏中和对方近距离接触。

偷偷打听到了对方的生日，莎菲特地等到午夜0点整，在对方的微博上留言："祝你生日快乐！"

也许是被莎菲的执着打动了，对方同意和她试着交往一段时间。莎菲欣喜若狂，为了让对方高兴，她每天都要按照对方喜欢的风格打扮自己，还给对方做早餐、洗衣服……

可对方的态度始终是不冷不热的，有时和莎菲约好一起外出游玩，莎菲打扮了半天，正要出门，却接到对方的电话，说是要和网友一起玩游戏……

有时莎菲身体不舒服，发消息向对方诉苦，希望能够得到对方的安慰，对方却只是轻描淡写地回复一句："多喝热水！"

夜深人静的时候，莎菲回想自己在这段爱情中的表现，不禁有些心酸，眼泪也不由自主地掉了下来。

"这样的关系还有维持的必要吗？"她这样问自己，但却无法给自己一个明确的答案……

莎菲属于典型的"讨好型人格"，有这种人格的人不但会在家庭、职场、交际场合饱受折磨，更会在情感关系中遭遇很多挫折。

就拿莎菲来说，她在情感关系中表现得极为卑微：她一味放低自己的姿态，拼命迎合对方的喜好，希望能够用自己的满腔"诚意"取悦对方，赢得对方的爱意。可她的这种过度付出却没有得到对方的认可，甚至连对方的基本尊重都无法获得。这种情况与马太效应的描述一模一样：付出越多，越容易遭遇"贬值"。

可以肯定的是，这种关系是很难持久的。一方面，不计代价的付出会导致两性地位失去平衡，双方之间的界限也会逐渐模糊。身为讨好者的一方在关系中会变得越来越被动，而关系的主导权则完全被对方掌控。对方会逐渐习惯讨好者的付出，有时还会主动索取，却忘记了自己也应当给予相应的回馈。长此以往，这种单方面投入的爱情必然会生出矛盾、纠葛，最终难免会走向破裂。

另一方面，爱情中的讨好者容易丧失自我，会不断进行自我否定，认为都是自己做得不够好，才始终得不到对方的回应，于是他们心中会产生很强的焦虑感；而且他们很害怕会失去对方，内心极度缺乏安全感，所以更是会用过度付出去“拴住”对方，但这无疑会加重对方的精神负担，降低两人相处的舒适度，甚至会让对方感到非常厌恶，最终导致关系的终结。

爱情中的讨好型人格是非常可悲的，为了避免过度投入引发的自我“贬值”，你可以从以下几点着手进行改变。

第一，找回自己丢失的界限。

在情感关系中，你需要增强自我意识，建立和对方的界限感。当然，这样做肯定是不容易的，你不妨从小事开始练习——拿出笔记本，将你在过去一段时间内为对方所做的事情全部列出来，然后看看其中哪些事情是你真正喜欢的、愿意去做的，哪些又是为了讨好对方而勉强自己去做的。

之后，你可以试着每天划去一件不喜欢的事情，让自己能够逐渐找回界限。在这个过程中，如果对方对你施加压力，你一定要注意忠于自己的界限，要把自己的需求、情绪、理由清晰地表达出来，以便让对方意识到你不再是之前那个毫无底线的讨好者。

第二，不断提升个人价值。

恋爱中的马太效应之所以能够奏效，正是因为你将自己置于弱势地位，却将对方无限抬高。你总是把自己的价值看得过低，认为自己不够好，不够优秀，始终不能认可自己，才会用讨好的办法去博取对方的认可。这种“贬低自我，抬高对方”的行为只会让对方觉得你越来越没有价值，对你也会越发冷淡。

因此，你需要把注意力转回到自己身上，要加强对个人价值的建设和提升。比如，你可以精心装扮外在形象、提升自我气质、改善自己的谈吐，让自己变得更加自信、阳光，也能让对方有耳目一新的感觉。

你还可以丰富自己的学识，提升自己的素养，调整自己的思维，让自己能够拥有强大而温暖的内心，这会让你变得更加坦然、淡定，同时也能表现出一种迷人的魅力。

此外，你还可以积极地扩展社交圈子，为自己打造“人际支持系统”，并可以制定合理的事业规划，让自己的事业能够再上一个台阶……这些举措不但能够提升你的个人综合价值，还能够帮你转移注意力的焦点，使你不会将“获取对方的爱意”当成人生的唯一目标，因而能够改变“过度付出，无限讨好”的坏习惯。

第三，建立真正平等的关系。

想要让爱情持久新鲜，你就要注意与对方建立真正平等的关系。

也就是说，无论双方社会地位、学历、工作、家庭、外貌如何，在爱情中都不能有高低贵贱之分。

相爱的双方应当互相尊重、互相体谅、互相关怀，而不应让自己成为对方的附庸，更不能无条件地顺从对方、讨好对方。

爱情是讨好不来的，同样，也是无法施舍的，一旦爱情与“忍辱负重”“做小伏低”等词语联系在一起，就已经称不上是真正的爱情了。

因此，你应当树立起平等意识，从心态上改变自己，减少过度付出，与对方和谐共处，久而久之，你就能成为一个会爱、懂爱、值得被爱的人。

刺猬效应：恋人之间也要保持距离

我们经常会用“如胶似漆”“难分难舍”“形影不离”等词语来形容处于热恋中的男女。可即使是在热恋中，双方也需要保有自己的界限，若是靠得太近，难免会“刺伤”对方，也会影响彼此之间的感情。

这种情况可以用心理学中的“刺猬效应”来进行解释。这个效应与一则西方寓言有关，说的是两只刺猬在寒冷的冬天，不得不依偎在一起互相取暖。可由于它们浑身长着短而密的刺，常常会将对方刺得鲜血淋漓。后来它们不得不稍微拉开一些距离，这样既能达到取暖的目的，又不会被对方刺伤。

德国著名哲学家亚瑟·叔本华在自己的著作中首次使用了“刺猬效应”这个术语，指出人与人之间也应当保持适当的心理距离，这样既能表现出关系的亲密，又能避免不必要的互相伤害。

对应到两性关系中，恋人们也应当正视刺猬效应的存在，在相处时找到让自己和对方都能感到舒适的距离，才不会因为自己的界限被频繁触碰而产生焦虑、不安、愤怒等负面情绪。

24岁的女孩文华在一次聚会上遇到了28岁的程铮。他们两人一见钟情，都认为对方就是自己苦苦找寻的理想伴侣。

几天后，程铮邀请文华看电影，这是他们的第一次约会，两人聊得十分投机，不知不觉竟忘记了时间，直到深夜才恋恋不舍地分开。

很快，他们确定了恋爱关系。在之后的半年里，他们亲密得就像一个人似的。平时只要不用上班，他们就会腻在一起，沉浸在热烈、专一的爱情之中。

在最初这段日子里，他们会将心中的一切向对方毫无保留地分享，认为这样才会让这段感情更加亲密，更加持久。

可是时间长了，文华忽然发现这种过于亲密的相处方式让自己压力很大，有时她想要一些独处的时间，还想保留自己的一点小秘密，可程铮却不同意，他总是要求文华将生活中的每一个片段都告诉自己。这让文华感到非常烦恼，有时会觉得已经失去了自我……

文华之所以会感到十分困扰，就是因为她和恋人之间过于亲密，毫无保留，致使最基本的私人空间都丧失殆尽。

当恋人事无巨细地打探她的隐私，挖掘她的秘密时，文华会有一种个人界限受到侵犯的感觉，这会让她越来越烦恼，越来越不安，严重时她甚至会产生“结束这段关系”的想法。

由此可见，过度亲密并不是维持恋情的好办法，相反，它会使情感关系逐步趋于瓦解。为了改变这种不良现状，恋人们应当从界限心理学和刺猬效应出发，在维持亲密关系时注意做好以下几点：

第一，给彼此的隐私划一道界限。

从心理学的角度来看，人的内心世界是极其复杂的，随时随地都会涌现出各种意识，并且还会出现自己都难以察觉的潜意识。在道德、规则、习俗的制约下，我们的很多想法、念头都是不适合向外人暴露的，所以我们才会有保护隐私的心理需求，并会为自己的隐私设置界限，一旦隐私被人打探，我们就会感觉很不舒服，而这正是界限受到侵犯所引起的。

可是，如果换个角度来看，人天生存在强烈的好奇心理，很想去探究别人的隐私，别人越是遮遮掩掩，就越是会激发自己的好奇心。

因此，在一段情感关系中，我们首先要划清隐私界限，一方面要保护好自己的“秘密”，另一方面也要努力抑制自己的好奇心，不要试图打探对方的隐私。

第二，给空间距离划一道界限。

从空间距离来看，情侣间保持15厘米以内的距离，可以称为“亲密无间”的距离。此时双方都能够轻易感受到对方的体温、气息、气味，能够及时交换表情、眼神，还能够进行频繁的肢体接触。

当然，这样的距离更适用于热恋时期的男女，随着恋情趋于稳定，情侣们应当及时调节彼此之间的空间距离，比如可以减少黏在一起的时间和机会，同时要给彼此多一些时间进行正常的社会交往，这样也能给恋情一些保鲜的机会，不至于很快就出现“两看相厌”的结局。

第三，给心理距离划一道界限。

心理距离是环绕在恋人周围的一个抽象范围，我们用肉眼虽然无法看清它的界限，但它却是真实存在的，同样不容他人侵犯。

所以在和恋人相处时，我们要时刻考虑对方的心理界限，要注意保持合理的心理距离。比如，我们可以试着去接受和支持恋人的一些选择，而不要试图去支配他们；遇到问题的时候，我们可以心平气和地沟通，而不要气势汹汹地盘问……

与此同时，我们也要摆脱将对方当成自己世界中心的做法，要学会转移自己的注意力，避免给对方太多的心理压力。

总之，在一段恋情中，我们要时刻把握好有形或无形的距离，既不能疏远对方，以免对方有一种被忽视的感觉，又不能入侵对方的界限，更不能用爱去禁锢对方。只有保持一种“有距离的亲密关系”，才不会让爱情慢慢离我们远去。

投射效应：爱情变质的罪魁祸首

“投射效应”说的是人们常常会不由自主地将自己的情感、意志、特性投射于他人。

这种情况在恋爱期间很容易出现，你很有可能会一厢情愿地将自己的好恶投射到对方身上，认为自己喜欢的对方就一定会喜欢，因而会忽略彼此间的界限，会不自觉地想让对方去做你喜欢的事情，讨论你喜欢的问题；不仅如此，你还会认为自己为对方付出了这么多，对方就应当对你充满感激，并要回报同等的热情。像这样将自我认知、爱情观念强加于人的做法，会让对方产生很大的心理压力，也会让原本美好的爱情悄悄变质。

杨迪在一次聚会上认识了一个美丽的女孩小琼，杨迪对小琼一见钟情，对她展开了猛烈的追求。

他每天都会去小琼的公司送花，还经常邀请小琼吃饭、看电影。在闲聊时，他偶尔听说小琼特别喜欢一个明星，就想尽办法买到了这个明星非常抢手的演唱会门票……

杨迪的诚意打动了小琼，两人终于确定了恋爱关系。开始的一段时间，两人相处得非常和谐，彼此也都觉得十分幸福。

可随着时间的推移，两人之间的问题逐渐暴露：杨迪有些大男子主义，只要认定了一件事，就不肯接受小琼的反驳，而小琼的个性也很强硬，所以两人经常会为一些小事争吵不休。有一次，为了“假期去哪里旅游”的问题，两人大吵了一架，当时在场的还有小琼的几位好朋友，大家都觉得非常尴尬。

事后，小琼埋怨杨迪只顾自己的感受，却不考虑别人的需求，实在太过自私。杨迪却觉得非常委屈，他提起了两人刚认识时的一些事情，说他为这段感情付出了这么多，小琼就应该多体谅他一些，有些事情要听他的，不要总是争辩。

小琼是一个思想独立的女孩子，在她看来，杨迪就是在向自己“邀功”，想让自己产生“愧疚感”，进而便可逼迫自己就范。小琼对这种做法非常反感，两人之间的关系急转直下。

没过多久，两人又一次爆发争吵，小琼直接提出了分手，杨迪这才慌乱起来，他不停地给小琼道歉，却还是没能挽留住小琼……

杨迪的所作所为就是投射效应的一种表现，他把自己对爱情的认知投射到了女友身上，觉得自己喜欢的事情女友就应当无条件地支持，至于女友真正的感受和需求是怎样的，他却不愿花心思去了解；而且他在爱情中喜欢斤斤计较，认为自己付出的比女友多，就应当得到女友的“顺从”作为回报，这其实是一种非常自私的行为，也是在侵犯女友的心理界限，会让女友感到十分不适。

投射效应是爱情变质的罪魁祸首，而它是通过以下三种形式来影响爱情的。

第一，相同投射。它是指将自己的感受投射到对方身上，认为对方的感觉应当和自己完全一样。比如自己喜欢一件事物，那么不管对方是否感兴趣，都要强拉着对方讨论与该事物有关的话题，如果对方不同意，就会认为对方不理解自己，不够爱自己。

第二，愿望投射。它是指将自己的主观愿望投射到对方身上，认为对方的表现应当符合自己对于爱情的想象和愿望，倘若对方没有能力达到，就会感觉失望、受挫。

第三，情感投射。它是指将自己的好恶情感投射到对方身上。喜欢对方的时候，觉得对方有很多优点，也就是人们常说的“情人眼里出西施”；可不喜欢对方的时候，即使对方并没有做错事，也会觉得对方非常讨厌。

显然，投射效应会影响你看待人和事物的客观性、中立性，很容易导致主观臆断，最终将使你陷入偏见的泥潭。

那么，该如何摆脱这种投射效应呢？

第一，学会放下对关系的过高期待。

每一段和谐的关系都需要经过不断的磨合、调整才能“修成正果”，所以你要学会降低期待，不要总是希冀获得一段十全十美的爱情。

如果你发现现实中的关系和期待中的不同，就要学会用平常心来应对，这样才不会让自己陷入失落、后悔的情绪中难以自拔。同时，你也要避免一味地向对方索取，却不在乎对方的需求，这其实是对对方界限的一种侵犯，也会让情感关系失去和谐。

第二，学会客观看待对方的优缺点。

在投射效应的影响下，你的认知会缺乏客观性：热恋的时候只看到对方身上美好的一面，而且会放大对方的闪光点；感情出现矛盾时，又会放大对方身上的缺点、短处，完全看不到对方的优点，而这会让你心中产生强烈的厌恶感，与对方越来越疏远，最终难免会失去爱情。

所以，你一定要注意调整自己的认知，要客观、全面地认识对方，并要给对方理性、公正的评价，这样才能避免在投射效应影响下做出错误的判断。

第三，学会尊重对方的感知。

由于家庭教育、成长环境、人生经历各不相同，每个人对人与事物的感知也会有所差异。所以你不能习惯性地“以己度人”，而是应当充分地尊重对方的感知、意愿和界限。特别要注意不能因为自己行为的出发点是好的，就想当然地认为一定会是对方需要的，这种一厢情愿的做法只会引起对方的反感。

总之，在情感关系中，你要学会辩证地、一分为二地对待自己和他人，从根本上克服投射效应。

摆脱依赖心理，学会对自己负责

每个人都有不同程度的依赖心理，这种心理往往在人们很小的时候就已经形成了。

在幼年时，因为对无法掌控的外部世界充满了恐惧感和不确定感，我们会很自然地依赖于父母，并会和父母建立起亲密关系，而这能够让我们获得安全感和愉悦感。

随着时间的推移，我们会与形形色色的人建立起更加复杂的关系，其中一些人将会成为我们新的依赖对象，我们会不知不觉地依靠他们，并可以从彼此的关系中继续汲取安全感。

不过，我们应当注意到，依赖必须以保有界限感为前提。如果总是超越界限，让自己完全依附于他人，使自己的感受、需求、言行都不由自主地受到他人的影响，这样的“依赖”就属于“过度依赖”，它会让我们失去人生的自主性，并有可能引发心理失调问题。

32岁的蒋悦英是一名小学教师，她的丈夫在一家研究所工作，夫妻二人感情非常深厚，平时几乎从不分开。

蒋悦英在情感上对丈夫非常依赖，有时丈夫下班回来晚一点，她就会感到烦躁、焦虑。半年前，丈夫接受了新的工作任务，每个月都需要去外地出差几天，蒋悦英的心理状态也变得很不稳定，只要丈夫离家超过三天，她就会觉得十分空虚，做什么事情都提不起劲来，对待工作也毫无热情。到了晚上，她一个人躺在冰冷的床上辗转反侧，很久都无法入眠……

不知不觉，蒋悦英身上的问题越来越严重，除了焦虑、失眠之外，她还出现了心慌、头晕症状，有一次竟然晕倒在了课堂上。丈夫听说后十分担心，不得不提前从外地赶回来照顾她。

之后，丈夫又主动与领导商议，决定不再接受出差任务。可蒋悦英的情况并没有出现好转，相反，她发现自己更加离不开丈夫了。哪怕丈夫只是想出门和朋友见个面、聊聊天，她都会又哭又闹，甚至还想把丈夫的手机藏起来。

这样一来，不但她自己的心理负担持续加重，就连丈夫也感到窒息。最近这些日子，她明显感觉到丈夫对自己的态度很不耐烦，这无疑让她更加痛苦……

蒋悦英对丈夫的依赖显然就是超越界限的过度依赖，她把丈夫当成了自己唯一的精神支柱，希望丈夫能够时时刻刻陪伴在自己身边，关心自己、爱护自己。一旦丈夫离开了自己，或是对自己表现得不够体贴，她就会产生很多负面情绪，甚至无法维持正常的生活和工作。

对于“过度依赖”，心理学家罗伯特·伯恩斯坦曾经提出这样的观点：过度依赖的人，依恋类型往往是痴迷型（也被称为焦虑型），他们随时随地都会害怕照顾自己的人离开。他们的关系剧本是“我一个人不行”，认为如果没有其他人，自己就无法生存。

的确，在蒋悦英与丈夫的关系中，她早已弄丢了自己的界限，丧失了对自我情绪的正常感知；不仅如此，她还非常渴望介入丈夫的个人界限，使得夫妻之间的界限杂糅不清，也给丈夫带来了严重的心理压力。

当然，这种过度依赖的形成不可能是一朝一夕的事情，心理学家发现，绝大多数过度依赖者的心理变化都会包括以下这几个阶段：

第一，自我否定阶段。在这一阶段，依赖者会一味地对自己进行否定和贬低，比如他们会过分贬低自己的能力，夸大自己的软弱和受挫经历，甚至会不断哭泣，表现出需要关爱、同情的样子，以求维持这段关系。

第二，安全感丧失阶段。经过自我否定阶段，依赖者已经在内心深处接受了对自己的“预设”，他们开始发自内心地认为自己是需要被保护、被怜悯的。与此同时，他们越来越害怕这段关系会提前告终，而他们也会成为被抛弃的对象。

第三，“以对方为中心”阶段。依赖者常常会不惜一切代价地取悦对方，哪怕会因此失去自己的界限，也不会有片刻犹豫。而对方在他们心中占据的分量也在逐渐提升，最终更会成为他们生活的唯一。

第四，自我丧失阶段。在最后一个阶段，过度依赖的问题已经相当严重，依赖者因为过于关注对方，已经彻底丧失了自己的界限，他们会忽视自己的愿望和感受，只将这段关系当成支撑生活的信念，倘若关系不幸结束，依赖者往往会痛不欲生。

了解了上述这几个心理发展阶段，我们更应当学会正视依赖问题，如果发现自己身上出现了依赖感增强的苗头，就要及时采取措施进行自我心理调理，以免问题愈演愈烈，发展为难以摆脱的“过度依赖”。

为此，我们可以参考心理学家提出的几点建议：

第一，停止自我贬低和自我否定。

想要摆脱过度依赖，就要给自己一个正确而合理的评估。比如我们要提醒自己不能总是把“我很弱小”“我一个人不行”“我还不够成熟”之类的话语挂在嘴边，它们只会让依赖心理不断增强。

与此同时，我们要学会正视自身的能动性，要让自己变得自信、积极起来，能够独当一面，也可以安然度过独处的时光。只有做出这样的认知调整，我们才能够从内心深处认同和信任自己，而不会总是想着要依赖他人。

第二，在关系中找到自己的情感界限。

在一段关系中，我们应当多询问自己有什么样的感受，并要注意保护自己的情感界限。比如在和家人相处的时候，如果对方提出了让你感到为难的要求，出于对对方的依赖，你会优先考虑对方的感觉，可能为了让对方高兴，做出一些违背自己心意的事情。此时你的内心难免会产生痛苦、委屈、怨恨之类的负面情绪，而对方却对此一无所知。

为了避免出现这种情况，你应当学会守护自己的界限。倘若你并不想按照对方的要求去做某事，你可以大大方方地坦陈想法，让对方明白你的情感界限在哪里，这样的处理方式会比委曲求全更让你感到舒适和安心。

第三，尝试培养对“关系剧本”的掌控感。

所谓“关系剧本”，也可以被称为“关系模式”。你在一段关系中扮演什么样的角色？你与对方的关系按照什么模式运作？凡此种种都属于“关系剧本”的范畴，只不过大多数人对于悄然演绎的“剧本”并没有强烈的觉知意识。

如果你在自己身上发现了过度依赖的倾向，就要注意分析自己的“关系剧本”，看看自己是否已经在无意中成为十分被动的角色。此时你尤其需要找回自己对“剧本”的掌控感，比如你可以试着掷地有声地说话，并可以对一些事情果断地做出决定，而不要总是依赖于他人、听命于他人、服从于他人。

必须提醒的是，上述这些自我调整的行为可能会引发不同程度的情感冲突，对方可能会觉得受到了冒犯，而你自己也会有不安、忧虑的感觉。但请注意这些反应都是你在摆脱依赖心理的过程中不得不面对的，所以你应当保持足够的耐心和信心，并进一步明确个人对自我的责任，明确个人对关系的态度，这样才有助于划清界限，并让你逐渐成为一个能够对自己完全负责的人。

婚姻的真相：找回各自的独立性、界限感

婚姻虽然是两个人的结合，但却并不意味着在婚后就要放弃个体的独立性、自主性，否则婚姻关系很容易变得不平等，没有界限感，双方也会感觉非常痛苦、压抑，甚至常常会有突破“围城”的冲动。

32岁的彭欣和丈夫陈楚结婚3年，夫妻之间一直非常恩爱。最近，陈楚因为能力出众，获得了公司的提拔，成为部门经理。

这本是一件值得庆贺的事情，可才过去两个月，夫妻俩就为这件事争吵了好几次。原来，彭欣的工作非常轻松，平时有较多的时间在家，她希望丈夫也能早点回家陪伴自己。可是在升职之后，丈夫每天要处理的事务明显增多，根本无法按时下班，有时要到晚上11点以后才能进家门。到家后，丈夫因为过于疲惫，也顾不上和彭欣交流，就自顾自地睡着了。

彭欣心中很不舒服，她觉得丈夫越来越不重视自己，很有可能已经不爱自己了。为了解开心中的疑问，她常常会把刚睡着的丈夫摇醒，不停地追问他：“你还爱我吗？”“你为什么要和我结

婚？”“我们这样生活有意义吗？”

彭欣的问题让丈夫哭笑不得，最初他还会勉力安慰妻子，告诉她：“我当然爱你。”可次数多了，丈夫实在是有些不堪其扰，便不耐烦地说：“别总是胡思乱想了，我明天还要上班，你就让我清静一会儿，行吗？”

丈夫的话语让彭欣觉得受到了伤害，她伤心地哭了起来。过了一会儿，她又觉得非常愤怒，忍不住又一次把丈夫叫醒，滔滔不绝地数落起了丈夫的“不是”，还把他赶到客厅的沙发上睡觉。

白天丈夫上班的时候，彭欣还会把电话打到他的办公室，试图了解他的行踪，如果丈夫正在忙碌，不愿多谈，她就会气恼地挂上电话。等丈夫忙完了手头的事务，再将电话打回来，彭欣的态度又会变得非常冷淡，故意对丈夫不理不睬……

慢慢地，夫妻关系开始出现裂痕，原本两人互相体贴、互相关爱，现在却经常视对方如空气。

彭欣常常对朋友哭诉自己的委屈，而当朋友去劝说陈楚时，陈楚却无奈地说：“我有什么办法，无论做什么都不能让她满意。其实我在想，不如我们就此分开，让彼此都能拥有属于自己的世界，也许就不会这么烦恼了……”

我国当代女诗人舒婷曾在《致橡树》中写道：“我必须是你近旁的一株木棉，作为树的形象和你站在一起……我们分担寒潮、风雷、霹雳；我们共享雾霭、流岚、虹霓。仿佛永远分离，却又终身相依，这才是伟大的爱情……”

这首诗形象地描述了爱人之间彼此相依相伴又能够保持独立个性的状态，而这也应当成为一种理想的婚姻状态。但是在现实生活中，夫妻之间却很难保持这样的状态，就像彭欣在和丈夫相处时，总是渴望与丈夫牢牢地捆绑在一起，成为密不可分的“整体”，可这在无形中也会让自己丧失独立性和应有的界限，更会给丈夫带来强大的压力，使他逃离。

彭欣的案例也提醒了我们，美好的婚姻必须建立在彼此人格独立的基础上，夫妻双方应当将自己视为独立的个体，在与对方保持亲密关系的同时，还要保留应有的界限，这样才能打造出健康、和谐的婚姻关系。

美国家庭社会学领域的著名学者安德鲁·切尔林曾经提出婚姻变迁的三个阶段，值得人们思考。

第一个阶段：制度化婚姻。即夫妻是为了服从传统以及满足传宗接代的需要，才结合在了一起。

第二个阶段：陪伴式婚姻。即夫妻之所以结合，是因为个体感觉到孤单，需要有人在身边陪伴、照应，以填充自己的不完整感。此时人们对婚姻的满意程度取决于配偶能否扮演好自己的角色，能否履行自己的责任和义务。

第三个阶段：个人化婚姻。即夫妻结合的基础是彼此之间的理解、欣赏和支持。在这样的婚姻中，夫妻双方的角色、责任比较灵活，可以通过协商来确定。而且夫妻双方都很关注自己在婚姻中的自我成长，希望能够发展出独立、有成就感的自我，而不是为了对方就要牺牲自己。

从这三个阶段来看，彭欣对于婚姻的认识显然还停留在第二个阶段，缺少界限感、独立性的她必然会在婚姻中埋下种种隐患，甚至会让原本美好的婚姻变得岌岌可危。

为了避免出现类似问题，心理学家提醒人们注意以下这些婚姻关系中的警告信号：

第一，你常常觉得精疲力竭。健康的婚姻关系应当使你获得激励，使你感觉精神振奋、心情愉悦，而不是削弱你、打击你，让你感觉身心疲惫。

第二，你对伴侣失去了应有的信任。在健康的关系中，夫妻双方应当有界限感，并可以保有各自的隐私。当你开始怀疑对方，并频频检查对方的手机、邮箱，调查对方的行踪时，夫妻间的信任感和界限感就会荡然无存。

第三，你们之间充满了敌意氛围。在健康的关系中，夫妻之间互相理解、支持，能够考虑到对方的情感需求，可以温柔地指导或友善地给出建议。可在问题婚姻之中，夫妻之间已经无法进行良好的沟通，一方不够尊重另一方，习惯对另一方进行攻击性的评价，导致婚姻关系被充满敌意的氛围笼罩，并且随时都有可能引发争执、吵闹。

第四，你认为自己已经失去了自我。在健康的关系中，夫妻既互相依恋，又各自独立，并且能够尊重对方的心理界限。而在问题婚姻中，你可能会发现自己已经失去了这种可贵的独立性，这可能是因为你过于依赖对方，也有可能是对方有过强的控制欲望，使得你们的关系过于“贴近”，失去了应有的界限感。

第五，你有一种被困在这段关系中的感觉。你可能已经意识到自己正处于一种不良婚姻关系中，有时你会渴望结束这样的关系，为自己找到喘息的机会，但你又缺乏这样做的勇气和决心……

面对这些婚姻中的警报信号，你又该采取什么样的措施呢?

第一，鼓起勇气进行改变。

对待婚姻，你不应当有一种“得过且过”的态度，那只会让问题向着更加严重的方向发展。你应当鼓起勇气，向对方表达你的心声，说出你的要求，同时也要给对方发声的机会，多去听听对方的想法，然后积极地做出回应。这会让你们开始重视一些之前被双方忽视的问题，也有助于消除误解、达成共识，使关系由紧张走向缓和。

第二，正确理解婚姻中的“独立自主”。

为了改变不良现状，你还需要找回“自我意识”，也就是说，在婚姻关系中你仍然能够独立思考，也能够对各种事务自由地表达自己的想法；你还应当有自己的生活计划，它是一些独立于夫妻共同计划外的事项，能够促进你的个人成长，对你的人生具有重要意义。

你还要确保对方也能够具有这种独立自主的意识，而且你们双方都很清楚，“独立自主”并不意味着就要保持孤身一人的状态。在婚姻中，你们既可以惬意地享受二人生活，又可以拥有自己独处的时光，两者并不会发生冲突。

第三，成为婚姻中的“合作者”。

你还要摆正自己在婚姻中的位置，不要试图凌驾于对方之上，而是要和对方建立平等的、互相尊重的、有恰到好处的界限感的关系。在这样的关系中，你不需要控制对方，也不需要向对方屈服，而是可以和对方协作、配合。

你还可以成为对方的“培训师”，在生活中，你不妨表现出对对方的欣赏，同时发掘对方的优势，并进行大力的支持，这样的夫妻关系才能让对方获得满足感、成就感，而你也可从中获得持续的幸福与快乐。

不要成为让人绝望的“无反应者”

婚姻虽然是两个个体的结合，但在保持个体独立性的同时，也要避免出现“界限僵硬”的问题，更不能让自己成为令人绝望的“无反应者”。

所谓“无反应者”，就是一类听不到别人需要的人。他们看上去似乎只是“迟钝”了一些，可事实上，他们是界限的“破坏者”。因为他们不了解自己的责任范围，没有在婚姻关系中负担起自己应当负担的责任。

晓洁和丈夫孙宇结婚已满八年，他们夫妻俩都有不错的职业，收入稳定，孩子也聪明可爱，可以说是让别人称羡的美满家庭。

可晓洁心中却总是充满了郁闷、委屈的情绪，不知该向谁诉说。最近，晓洁在工作中遇到了一些压力，孩子在幼儿园也出了一些小状况，让她有种焦头烂额的感觉。

可是回到家里，她依然要处理一大堆家务事，还要给一家人做好可口的晚餐。

吃完晚餐，丈夫孙宇立刻推开椅子，离开餐桌，而桌上还摆着一大堆等待收拾的碗盘，晓洁也只能叹口气，撑着疲倦的身体继续忙碌……

晚上，她好不容易把孩子哄睡，回到自己的卧室里，想和丈夫说说自己的难处，看他会有什么样的建议。

这时孙宇正在阅读一本专业书籍，注意力全集中在那些深奥的术语上，妻子的诉说从他耳边滑过，没有在他脑海中留下任何痕迹。

丈夫的态度让晓洁有些生气，她走上前去，一把将书从丈夫手中抽了出来，对丈夫吼道："你就不能好好地听我说句话吗？"

孙宇吃了一惊，等他反应过来后，有点不耐烦地说："不是我不想听你说，而是你的问题大概都差不多：工作不顺利，带孩子又麻烦……可是人家不也是这样过吗？如果你不喜欢这样的感觉，就设法改变自己的感觉！人生本来就没有那么多如意的事情，你得学会面对！"

听完孙宇这番"教导"，晓洁只觉得伤心到了极点，她只知道丈夫一贯是冷冷的，却没想到他会拒自己于千里之外。他根本不在乎自己的感受，也不肯花时间倾听自己的需要，对于自己内心的挣扎，他根本就没有兴趣去了解……

在婚姻关系中，过度关心与控制会破坏彼此之间的界限感，也会让对方感到窒息。可要是对对方毫不关心、毫不在意，不去倾听对方的需要，就会成为像孙宇这样的无反应者，他们的冷漠会让对方感觉非常痛苦，也会让彼此之间的感情越来越淡薄。

心理学家将无反应者分为两类：一类会对对方的需求持严厉的态度，他们希望对方能够靠自己的力量解决一切问题，最好不要向自己诉苦，免得让自己背上不必要的心理负担；而另一类则对自己的欲望和需求给予了过度关注，却会在无形中忽略对方的需求。

在案例中的孙宇身上，同时具备两类无反应者的特征：他只关心个人的成长需求，闲暇时间也在通过读书获得自我提升，却对妻子的情况不闻不问；在妻子向他发出“求救”信号时，他表现得极度冷漠，认为妻子理应把一切事情处理好（甚至把照顾孩子的责任也全部推给了妻子），却没有想过夫妻之间应当互相扶持、互相成就。

在这种情况下，孙宇和妻子之间必然会形成一种僵硬的、毫无弹性的界限，也会影响婚姻关系的和谐。

那么，像孙宇这样的无反应者应当从哪些方面进行自我调整呢？

第一，对伴侣多一些同理心。

无反应者对伴侣的感受、请求无动于衷，显示出他们具有“同理心弱”的问题。同理心就是能够从对方的角度看问题，尊重对方的想法，体谅对方的处境和苦衷，感受对方的情绪，理解对方的需要。

同理心对于婚姻关系的维系能够起到非常重要的作用。如果双方之间有同理心，相处就会更加融洽、顺利。同理心可以帮助双方消除误解、减少矛盾和争执，让双方能够找到彼此都认可的相处模式和界限感：既不会过分干涉对方，又能给对方急需的关怀和支持，这样的婚姻关系才会更加亲密、长久。

第二，增加与伴侣的沟通。

在无反应者身上，普遍存在不想沟通、不善于沟通的问题，而这也是让他们的伴侣感到无措和痛苦的原因之一。

为此，无反应者需要改变自己的态度，要重视与对方的沟通，特别是要扮演好倾听者的角色，要带着爱心、耐心去了解对方的意见和心事，再从同理心出发，给予对方必要的安慰、开解和指导。这样既能够消除对方的不满情绪，又能够改善自己在对方心中的坏印象——不会再被对方归入无反应者的范畴。

第三，学会主动承担责任。

无反应者不仅要对对方的需要做出及时的响应，还要主动承担起之前被自己疏忽的责任。比如案例中的孙宇，就应当把自己看成婚姻关系的“供应者”之一，在关系中不能一味享受妻子的付出，而应当和妻子一起携手并进，共同承担料理家事、教养孩子的责任。

同时，他也不能忘记自己有付出爱的责任，要让自己成为一个有爱心的丈夫，与妻子做到心灵相通，对妻子的情绪变化能够敏锐地察觉，并能够以温暖、细腻的方式满足妻子的心理需求，这样他才能够从一个让人绝望的无反应者变成一个合格的伴侣。

第七章
家庭也需要界限感

充满压力的原生家庭：不快乐的根源

提到“原生家庭”，人们会很容易联想到“不幸的家庭”“紧张的关系”。可事实上，“原生家庭”在心理学上是一个中性词语，它指的是一个人出生和成长的家庭。与“原生家庭”相对的概念是“新生家庭”，指的是子女长大成人后自己组建的家庭，这样的家庭不包括他们的父母。

在剖析自我界限的时候，“原生家庭”是一个绕不开的话题。美国家庭治疗大师维吉尼亚·萨提亚指出，一个人和他的原生家庭有着千丝万缕的联系，而这种联系有可能影响他的一生。比如他与人相处的方式、对待界限的态度就与在原生家庭中受到的潜移默化的影响有关，所以想要解开界限的谜团，就很有必要回溯自己在原生家庭中的生活经历。

若彤是一个非常漂亮、品学兼优的女孩，可她在恋爱的时候却总是选择条件比自己差很多的男孩子。即便如此，她也很难拥有一段长久的恋爱关系，对方总是在相处一段时间后，就会向她提出分手。

若彤也觉得非常痛苦，她知道自己身上的问题与原生家庭有很大的关系。小时候，她的父母整日争吵不休，母亲指责父亲有外遇，父亲自然是坚决否认，可他又无法为自己经常性的晚归做出合理解释。每当母亲追问他去了哪里，他都会顾左右而言他，让母亲更是气恼不已。

慢慢地，夫妻之间的关系越来越淡漠，母亲内心极为痛苦，又找不到人倾诉，只好对着幼小的若彤反复抱怨父亲的"恶行"。有时候，母亲还会对若彤说："你从现在就得记住，男人全都不可靠，特别是那些条件优秀的男人，他们只会说一些花言巧语来欺骗你……"

在母亲的影响下，若彤的性格变得内向、冷漠，不容易相信别人。长大后，她发现自己很不擅长处理和异性之间的关系，谈恋爱的时候会主动回避那些条件优秀的男孩，好不容易找到了男朋友，她又总是表现得十分多疑，会像小时候母亲所做的那样，不停地给男友打电话"查岗"，翻看男友的通话记录、微信聊天记录……她也知道自己的行为让人讨厌，可她就是控制不住内心的冲动……

若彤生活在一个充满压力的原生家庭中，父母双方处理不好夫妻内部的事务，却将年龄尚小的女儿不恰当地卷入其中，造成了家庭界限的破坏。这也是很多原生家庭中经常出现的界限问题，被心理学家称为“三角关系”。也就是说，两个人不肯好好解决彼此之间的冲突问题，却另外拉一个人进来，而这个被强行拉入的“第三者”与冲突根本无关，往往只是被用来安抚情绪的“牺牲品”，或是成为害怕正视问题者的“挡箭牌”。

很不幸，若彤就成了这样的“牺牲品”和“挡箭牌”。她从小耳濡目染，不知不觉中受到了很多不良影响，使她的内心变得敏感、自卑，缺乏自我价值感和归属感。同时她还“继承”了母亲很多没有界限感的做法，使自己无法与人和谐共处。

奥地利心理学家阿尔弗雷德·阿德勒曾经这样说道：“幸运的人一生都在被童年治愈，不幸的人一生都在治愈童年。”的确，原生家庭的创伤对于你的人格塑造、情绪管理、界限形成等都有着根深蒂固的影响。

你可能会不断复制童年形成的关系模式，并会因此引发很多界限问题，这在心理学上被称为“强迫性重复”。比如有的人童年时受到父母的严格控制，长大后就可能会不自觉地寻找控制型的朋友或伴侣，再与他展开“界限的较量”，想要从他身上找到自己欠缺的个人空间、自尊和独立自主的权利；再如原生家庭中母亲过于强势，父亲比较懦弱，不能保护子女，子女长大成人后就可能会寻找性格懦弱的朋友或伴侣，希望通过自己的“努力”让对方变得坚强，从而能够找回童年缺失的安全感……

然而，这样的强迫性重复往往会导致失败的后果，你可能会再次遭遇曾经在原生家庭中体验过的挣扎、痛苦和挫败感，却无法让自己得到治愈。

那么，来自不幸原生家庭的人应该如何摆脱这种强迫性重复，重建与他人的良好界限呢?

第一，调整认知，划分责任归属。

你应当对原生家庭中界限不清的问题有清晰的认知，要学会分析家庭成员间的互动模式有哪些不妥当的地方。

心理学家指出，每个家庭都应当有不同的“部门”，如父母部门、子女部门、夫妻部门、兄弟姐妹部门，等等。在每个“部门”中，家庭成员都扮演着不同的角色，肩负着不同的职责，彼此能够沟通协作，但不会跨界干涉，这样的原生家庭才称得上是关系健康、界限分明的。

可要是家庭“部门”与“部门”之间互相掣肘、频繁干涉，甚至还要将无关人员强行牵扯进来解决问题，这就是界限不清的表现。

此时你应当做的是划分清楚责任归属，不要强迫自己履行一些父母应当承担的责任，也不要把父母造成的问题归咎于自己，而是客观地评价父母的做法，并要以其中的错误为鉴，这样才能避免重蹈原生家庭的覆辙。

第二，回溯创伤，直面内心的恐惧。

对于不幸的原生家庭，有的人会选择逃避问题，以免再次体验那些痛苦的经历。可是逃避是无法解决心理上的症结的，如果不能直面创伤、打破恐惧，原生家庭的阴影就会永远笼罩在你的心头。

为此，心理学家建议你可以给自己空间和机会来梳理人生过往，比如，你可以在纸上写下自己的人生故事，再记录下那些你希望父母没有做过的事情、没有说过的话语，然后回想一下这些不愉快的人生过往给你造成了哪些消极的影响。

请注意，梳理过往并不是要让你去谴责自己的父母、仇恨自己的原生家庭，而是让你有一个直面恐惧的机会，这能够帮你找到很多问题的答案。

在这个过程中，你还要学会“宽恕”和“释放”，这可以帮你挣脱内心的捆绑，使你不会陷入“报复”的泥潭中，不会和你憎恨的对象绑在一起，永远牵扯不清。

第三，坚持正确的行为。

经过了认知方面的调整，你还应当从行为方面着手去改变。在这个过程中，你的父母或其他亲人可能会对你的行为进行干预，甚至会用“孝道”来攻击你，想让你产生强烈的愧疚感和罪恶感。如果你因此而态度软化，就会陷入新一轮的控制中，而你好不容易设立的界限就会消失不见。

所以你应当树立起改变的决心，坚持你认为是正确的行为，直到能够建立起清晰的家庭界限。

在现实生活中，会有一些人在这个阶段失败，原因就是他们不够坚定，他们可能会在一时冲动下向父母宣告“以后我的事情你们别管”，然后就“一刀切”地断绝联系，甚至不接受父母的关心和爱意；可过上几天，他们又会觉得这种行为是不妥当的，于是会带着歉疚感恳求父母的原谅，然后又会回到家庭界限不清的状态。显然，这种极端的行为只会让一切努力归于失败。

你应该避免这样的做法，并掌握好界限的尺度，这样才能让现状从根本上发生改观，而你也可以逐渐摆脱原生家庭的影响，并找回自己的界限感，与人和谐相处。

控制式关系：服从他还是战胜他

在一个家庭中，如果对方有较强的控制欲望，你常常会发现自己的界限几乎是形同虚设的，不仅如此，你还会有一种强烈的压迫感，并会产生焦虑、恐惧等负面情绪，可是对方却不一定能够准确识别他对你造成的不良影响。

在这种情况下，家庭成员之间会是一种“控制式”的关系，而“控制方”可能会有这样一些或明显或隐晦的表现：

第一，要求你按照他的指令行事。他可能用“你为什么不……”“你应该……”之类的句式对你提出各种要求，希望你照做，如果你没有及时行动，或是表现出抗拒之意，就会让他非常恼火。

第二，喜欢对你做出各种评判。他经常从自己的主观想法出发，将你的言语、行为定性为“对的”或“错的”，有时他还会对你的性格、态度等武断地下结论，比如说你是“不合群的”“不负责任的”，等等。

第三，习惯性将责任归咎于你。他常常会把一些不是因你造成的错误、疏失归因于你，只要发生了不好的事情，他从来不会主动反省，而是会立刻认为问题都出在你身上。

简言之，在控制式关系中，“控制方”无视“被控制方”的界限，他总是希望一切都能够按照他的意志来运转，如果你的所作所为不符合他的意志，他就会强制你进行改变，直到你符合他的标准，成为让他满意的人。

16岁的迟敏幼年丧母，从小和父亲一起生活。父亲对她的教育非常严苛，上小学时就要求她每次考试必须考到95分以上，如果达不到标准，就会对她又打又骂。

为了帮迟敏提高学习成绩，父亲买来了各种各样的辅导书、练习题，要求她利用课余时间大量“刷题”。迟敏渴望和其他同学一样，放学后能出去玩耍一会儿，可这个小小的要求却被父亲无情地拒绝了。

父亲不但不让她出去玩，还不准她和同学过多交往，有时同学给迟敏打电话，父亲也会不高兴地说：“你们有什么好聊的，这不是在浪费时间吗？”

在父亲的严格管教下，迟敏成了一个沉默寡言的孩子，在班里没有要好的朋友，学习成绩也并不是特别理想，只能勉强排到二十几名。

上了初中后，学习压力陡然增加，迟敏又没有掌握正确的学习方法，成绩开始快速下滑。父亲为此十分生气，只要迟敏一回家，他就会为各种事情责怪她，说她“不争气”“让自己失望”……

迟敏的心理压力越来越大，白天吃不进东西，晚上经常失眠，还出现了胃疼、呕吐的现象。由于身体不适，她在中考时发挥失常，只考入了一所普通高中。

父亲非常失望，更是对她挖苦、讽刺不止，迟敏的心理和生理问题也更加严重，最终只能选择休学……

迟敏和父亲之间的关系就是一种典型的控制式关系，父亲的教育方式存在很大问题，他处处控制女儿，干涉女儿，还把女儿身上所有的问题都归结为她自己“不争气”。

这种控制式关系扼杀了迟敏的自主性，摧毁了她的个人界限，让她只能习惯性地服从父亲，内心深处却充满了痛苦和恐惧，而这就是让她陷入严重心理问题的主要原因。

控制式关系是非常可怕的，受控的一方会有很强的压迫感、窒息感。与此同时，“控制方”的内心也是充满冲突的。

第一，“控制方”的内心极度缺乏安全感。由于原生家庭的原因，“控制方”总是处在一种缺乏安全感的状态中，并会对自身“虚弱”“无能”的部分感到非常恐惧。

为了找回安全感，他们会拼命地抓取一些自己能够掌控的事物，以此来证明自己是“强大的”“正确的”“有能力的”。

第二，“控制方”会自动回避自己的问题。

随着控制欲望的不断增强，“控制方”会逐渐形成一种错觉，即“我确实是强有力的”“我永远是正确的”。

在错觉的影响下，他们遇事不会反思自己，而是会自动化“对外归因”——将责任都推给他人，以此来维护良好的自我感觉。可也因为这样，他们容易出现思维僵化、认知水平下降的问题。就像迟敏的父亲从来不会认为是自己的“高压控制”让女儿变得越来越内向、消极，而是固执地把一切都归咎于女儿，导致女儿身上的问题越来越严重，父亲却浑然不觉。

同样的情况也会出现在上级与下级、丈夫与妻子之间，任何一个认为自己在关系中百分百没问题的人其实都存在这种回避态度，也都需要进行深刻的反思。

那么，在一段控制式关系中，你究竟该如何设立并保护自己的界限呢?

第一，获得对方的信任。

对于“控制方”，你不能简单地想着服从他或战胜他，因为一味服从对他来说是一种隐形的鼓励，会让他变本加厉地实施控制行为；但你若是表现得过于强硬，想要挣脱控制，也会让他有一种尊严受到了挑战的感觉，很容易引起激烈的冲突。

因此，你应当采取技巧性的应对措施，比如可以针对“控制方”缺乏安全感的心理特点，与他进行开诚布公的沟通，争取一步一步突破他的心理防线，使他能够从关系中获得安全感，并对你提升信任度，彼此之间的矛盾和冲突也能够得到化解。

当然，进行这样的沟通是很不容易的，你需要付出耐心，有时还要鼓起勇气，才能帮助“控制方”面对自己不愿面对的问题。

第二，表达自己的感受。

如果“控制方”总是牢牢地盯着你的言行，对你提出各种要求，你就应当明确地表达自己的感受，告诉他自己的界限在哪里，而你很不喜欢他的越界行为，以后也不打算配合这样的行为。

在表达感受时，你可以把自己内心的感觉用具体的语言描述给对方听，如：“你不让我外出见朋友，这让我感觉很受伤。我需要有正常的人际交往，你却只想把我留在家里，现在我每天都觉得很孤独、很绝望……”这样的描述会让对方警醒，并开始重视你提出的问题。

第三，保持适当的距离。

如果你已经进行了多次努力，“控制方”的态度却没有丝毫转变，你就可以用“保持距离”的办法来维护和加强自己的界限。

你可以尽量减少和“控制方”接触的机会，使其没有办法对你进行控制。与此同时，你应当把注意力集中在自己喜欢的事情上，并可以多和支持你的亲人及朋友联系，以便建立起自己的情感支持系统，这可以减少、冲淡“控制式关系”对你造成的不良影响。

情感操纵：家庭关系中的软暴力

在家庭关系中，有一种具有隐蔽性的软暴力关系，被称为“情感操纵”。操纵者以情感为武器支配和胁迫其他家庭成员，而被操纵者的心理界限虽然遭到了严重的侵犯，并屡屡被对方威胁、惩罚、孤立，甚至会遭遇身体暴力，却仍然心甘情愿地忍受着。

在看似平静的家庭关系中，被操纵者对于维护心理界限的自觉性逐渐降低，自信心和自主意识荡然无存，但他们却选择继续维持这样的生活。这种情况看似不可思议，却是真实存在的，而且并不少见。

36岁的梓怡在一家广告公司工作，因为表现非常出色，被提升为部门经理，但也因此需要承担更多的责任。

不知不觉中，梓怡花在工作上的时间越来越多。因为经常要参加会议、和客户洽谈，梓怡也开始注意自己的个人形象，她为自己添置了一些高档套装，出门也会化上淡妆。

对于梓怡的变化，丈夫陆晨看在眼里，急在心里。与现在这个优秀、独立的妻子相比，他更喜欢之前那个柔弱可爱、对自己十分依赖的梓怡。

于是，他会在梓怡晚上准备看看专业书籍的时候，故意打开电视，强拉着她和自己一起看电影；有时候梓怡准备出门上班，他却把她的笔记本电脑藏起来。在梓怡发现后，他会用委屈的语气说："我还不是因为心疼你，想让你多休息一会儿。"

一天晚上，梓怡准备出席一个非常重要的宴会，正在对镜梳妆打扮，陆晨突然发起了脾气，把她推倒在地；之后陆晨还端起了桌上的咖啡，泼在她身上，把她刚换上的外套弄脏了……

梓怡质问他为什么要这样做，他却理直气壮地解释道："我只想让你把心思多用在我们这个家上，最近这段日子，你的眼里还有我吗？"

梓怡竟然接受了他的"解释"，心中甚至还产生了内疚感。为了让陆晨好受点，她决定推掉所有应酬，争取每天下班后就回家。她甚至还把刚买的外套放在了办公室里，又把一些资料存在办公室电脑中，晚上尽量不带笔记本电脑回家……

很显然，梓怡已经成了"情感操纵"的受害者，她的心理界限不停地被丈夫践踏。丈夫试图操纵她的一举一动，不希望她表现出独立性和自我意识，甚至还想要阻碍她获得更多成就，好将她牢牢禁锢在家庭中，"锁"在自己身边。

遗憾的是，梓怡自己却没有意识到这一点，反而认为丈夫的一切行为都是出自"爱"，所以愿意接受他的操纵和摆布，这实在是非常可悲的事情。

那么，像陆晨这样的情感操纵者为什么能够轻易得逞呢？美国著名心理学家、阿肯色州心理协会主席佐治·K. 西蒙博士曾经对此进行过深入的研究，最终找到了“情感操纵”背后的秘密。

西蒙博士指出：人类的攻击性行为可以分为显性和隐性两类。显性攻击行为很好判断，也会引起被攻击者的警惕。可是隐性攻击行为却难以察觉，也容易在潜移默化中对被攻击者造成深远的影响。

情感操纵就是这样一种典型的隐性攻击行为，它以爱为幌子，虽然触碰到了被操纵者的心理界限，却不会立刻遭到他们的抗拒。

时间长了，情感操纵就会产生“温水煮青蛙”的效果，会让被操纵者开始自我怀疑，并会朝着操纵者所期望的方向改变自己，直到被这段关系牢牢束缚，再难挣脱。

为了避免让自己成为情感操纵的受害者，你必须学会识别操纵者的惯用手段。

第一，将问题最小化，借以逃避。

操纵者最常用的伎俩是将自己的行为造成的影响最小化，比如他们会说“我只不过是碰了你一下”“我只是想要引起你的注意，仅此而已”。

如果你接受了这样的说法，就会很自然地认为自己是在无理取闹、小题大做，甚至会因为自己想要保护个人心理界限而产生愧疚感，这让操纵者正中下怀，他不但能够借此逃避责任，还可以肆无忌惮地进一步对你进行情感操纵。

第二，选择性注意或不注意。

狡猾的操纵者在遇到不利于自己的话题时，会故意表现得不感兴趣，这其实是他想要转移你注意力的一种手段。当你想要让他停止侵犯你心理界限的行为时，他会故意将眼睛看向别处，同时做出极不耐烦的表情，嘴里还会说："别对我讲这个！我不想听！"

可若是遇到了有利于自己的事情，他们就会表现出浓厚的兴趣，会对交谈表现得高度投入，甚至会显得有些亢奋。

第三，用"合理化"为自己开脱。

"合理化"是心理防御机制的一种，也是操纵者惯用的开脱手段之一。他会收集一些合乎自己内心需要的理由，给自己的攻击行为以一种合理的解释，这样就能够掩饰过失，同时也能够说服被操纵者继续接受他的摆布。

除了上述这几种手段外，有的情感操纵者还会使用更复杂、更具欺骗性的手法，让被操纵者不由自主地深陷其中。那么，被操纵者为了捍卫自己的心理界限，又该如何进行应对呢？

第一，要清晰地认识自我。

在家庭关系中，容易被操纵的人大多对自己没有一个清晰的认知，所以很容易自我怀疑、自我否定，并会陷入被支配的地位。

与此同时，操纵者却善于分析人性，他会准确地找出你在性格方面的弱点，进而可以有针对性地施展操纵策略。比如，你是一个缺乏自信的人，操纵者就会从打击你的自信入手，让你不得不无条件地依赖他。

由此可见，为了摆脱情感操纵，你最应当做的就是了解自己、接纳自己、信任自己，唯有如此，才能减少被操纵的危险。

第二，要设置好边界和底线。

即使是在家庭之中，你也应当设置好个人的边界，并让其他成员确知你的底线在何处。

比如，你应当让操纵者知道，哪些行为是你无法容忍的，而你为了维护自己的界限将会采取什么样的行动。

有了边界，你才会敏感地意识到自己正在遭遇情感操纵，也才能够更好地保护自己，而不会一步一步陷入被动局面。

第三，要正确认识和评判操纵者。

操纵者会用各种隐蔽手段包裹自己的目的，而你应当学会识别他们的真实意图，并做出合理的评判。这样一来，操纵者使用的“最小化策略”“选择性注意策略”“合理化策略”等在你面前就会失效。

比如，操纵者在找借口合理化自己行为的时候，你就可以明确表示自己的态度，让操纵者知道你已经看透了他的本质，不会再接受任何借口，他自然会对你无可奈何。

第四，要有切实改变自己的决心和行动。

面对家庭关系中的操纵者，一个非常无奈的事实是你可能无法与之彻底断绝关系。不过，你仍然可以拿出切实有效的行动来捍卫自己的界限，比如你可以不再浪费时间和精力与对方“扯皮”，而是将绝大部分精力放在寻求自己的改变上。

你可以让自己从外表到内心都变得强大起来，同时要注意弥补自己的性格缺陷。当你变得十分自信且更加坚强的时候，操纵者会惊讶地发现你已经脱离了他的掌控，你在家庭关系中扮演的角色也会发生根本性的转变。

情绪勒索：让人窒息的相处模式

你也许没有意识到，再亲密无间的家庭关系中，也是需要把握好情绪界限的。也就是说，每一位家庭成员，都应当尊重和体谅各自的情绪，同时也有自由表达情绪的权利。拥有了清晰的情绪界限，家庭关系才会是和谐、让人感觉舒适的。

然而，在很多家庭中，却存在一种让人窒息的相处模式——“情感勒索”。在这类家庭中，成员之间的情绪界限很不清晰，有的成员会将自己的负面情绪归咎于其他成员，进而会通过施压、打击、冷暴力、威胁等种种手段，使对方产生恐惧感、罪恶感、愧疚感，不得不答应其要求。

汪蕊在填报高考志愿时，本来想选择某知名大学的中文系，毕业后准备投身于自己热爱的文学事业。

可是，汪蕊的父母却一门心思想让她报考师范院校。父母的理由是做老师受人尊敬，社会地位高，待遇也比较稳定，而中文专业毕业后未必能够找到如意的工作。

汪蕊性格内向，也不善于表达，她知道自己可能无法成为合格的教书育人者，便与父母据理力争。

然而还没说上几句，她的母亲就痛哭起来，还指着她说："我们为了你付出了多少？让你报个志愿都要和我们对着干，让我们这么伤心，你忍心吗？"

父亲也在一旁怒斥道："我们还不都是为了你好？你为什么总是让我们失望？"

面对父亲的失望、母亲的悲伤，汪蕊忽然发现所有的语言都变得苍白起来。最终，她放弃了辩解，拿起志愿书，按照父母的意愿填报了一所学校。

父亲和母亲重新露出了笑脸，可汪蕊却感到心里憋闷极了……

汪蕊的遭遇正是一种典型的"情绪勒索"场景，在现实的家庭中，这样的"情绪勒索"并不少见。

冯雪是两个孩子的母亲，大儿子上小学二年级，小女儿上幼儿园中班。冯雪每天接送孩子、辅导功课、料理家务，忙得不可开交，有时真恨不得长出三头六臂来。可就是这样，她的母亲还要求她每三天必须带着孩子回娘家一趟。冯雪实在是分身乏术，便和母亲商量，看能不能改成每周回家一趟。

冯雪小心翼翼地把自己的想法告诉了母亲，母亲陷入了沉默，过了好半天，才用冷淡的语气说：“其实我和你爸爸并不想打搅你们的幸福生活，虽然我们觉得很寂寞、很空虚，但是我们不会那么自私，不可能为了自己开心就要剥夺你们宝贵的家庭时光。”

冯雪吓了一跳，连忙解释道：“妈妈，您误会了，我没有别的意思，只是最近实在太忙了……”

“没事，我都懂，”母亲打断了冯雪，“我们已经老了，没用了，只会给年轻人添麻烦，看上去也很碍眼，对吧？”

“不，不！”冯雪急坏了，不停地给母亲说好话，好不容易才让母亲的情绪得以平复。为了哄母亲高兴，冯雪还答应第二天就带孩子来看望父母。

离开娘家的时候，冯雪觉得胸口闷闷的，有一种无法形容的感觉。她不明白为什么自己只是提出了一个并不过分的要求，却会引发母亲这么大的情绪反应。她也没想通为什么自己没有做错事，却还是觉得十分内疚……

冯雪遇到的其实是典型的“情绪勒索”，她的母亲在无形之中成为“情绪勒索者”，会有意无意地将自己的负面情绪放大并转嫁于“被勒索者”——自己的女儿。母亲通过“以退为进”“倒苦水”等方法要求女儿屈从于自己的意志，否则就是“不孝顺的”“不负责任的”“不道德的”，等等。

在“情绪勒索”之下，冯雪毫无招架之力，不但无法坚守自己的界限，反而还会为自己“伤害”了母亲而感到内疚，这实在是一种让人无奈的事情。

在生活中，像冯雪母亲这样的情绪勒索者常常会罔顾被勒索者的个人意愿和情感需要，有时更不惜牺牲被勒索者的利益，只要能够让被勒索者“服软”，他们甚至不惜大哭大闹，或以自残相逼。

他们的做法看似毫无道理，但很多时候确实能够发挥效果，会让被勒索者放弃抵抗，选择屈服。对此，心理学家们给出了相应的解释，可以概括为以下三点：

第一，引发并强化被勒索者的恐惧感。

勒索者常常会这样说：“都是你让我……如果你不……我就再也不管你/不再爱你/会离开你。”

类似这样的句式就是在凭空制造恐惧感，因为勒索者明知对方非常在意自己，不可能选择割裂关系，所以勒索者肆无忌惮地利用了这一点来恐吓对方，使对方方寸大乱，不得不为了挽回关系而接受胁迫。

第二，引入“不可推卸的责任”来束缚被勒索者。

倘若被勒索者是一个对家庭、对配偶、对父母、对子女充满了责任感的人，那么这种责任感也很容易成为“情绪勒索”的目标。

勒索者常常会使用这样的说法：“你没有做到……就是没有尽到做父母/子女/配偶的责任。”责任感越强的人，对于这种说法的认可度越高，他们会主动反省，并认为自己确实应当做到某些事情。可惜他们并没有意识到，情感勒索者已经把不属于他们的责任隐蔽地加在了他们身上。

第三，强调自己的痛苦，唤醒被勒索者的内疚感。

勒索者还会利用对方的内疚感大做文章，他们通常会用上演“苦肉计”的方式强调自己的痛苦：“我这么不容易，受了这么多委屈，还不都是为了你……”

被勒索者如果是一个道德敏感度较高的人，自然会由衷地产生强烈的内疚感，并会心甘情愿地采取一些措施以作为“弥补”。

在情绪边界不清的家庭关系中，以上这三种情绪勒索的手法出现的频率极高，也让身处其中的受害者们感到十分痛苦、郁闷。

那么，有没有什么办法避免被情绪勒索者支配呢？答案是肯定的，美国心理学家苏珊·福沃德首创了SOS三步策略。

“SOS”其实是“stop（停止）、observe（观察）、strategize（制定策略）”三个英文单词的首字母。有趣的是，这三个字母恰好也是国际求救信号。从某种意义上讲，情绪勒索的受害者们确实应当采取积极的自救措施，从而找回自己的情绪和心理边界，让自己不再继续受伤害。

下面就让我们一起来学习SOS三步策略。

第一步，stop：暂时停止，不做回应。

当你遭遇情绪勒索时，心中可能会觉得十分焦虑，你会过于关注对方的情绪感受，却忽略了自己的情绪需求，而这往往会让你做出不够理智的选择。

因此你应当暂时停止对话，不要急于对勒索者做出回应。如果勒索者胡搅蛮缠的话，你可以选择离开现场，以便给自己留出情绪缓冲的时间。

第二步，observe：冷静观察，整理感受。

经过第一步的努力之后，你已经为自己赢得了“冷静观察”的时间，你可以借此机会回顾和整理自己的感受，让自己的情绪恢复平静。

然后你应当开始思考这样的问题：他到底想让我做什么？他的要求真的合理吗？我为什么要牺牲自己的利益来满足他的要求？

为了得到更加客观的结论，你不妨以“第三人”的立场来看待当前的问题，这会让你更加快速地跳出迷障，而不会落入勒索者设下的情绪陷阱。

第三步，strategize：制定策略，理性应对。

经过了前两个阶段，你已经看穿了对方的勒索手段，现在需要做的是制定回应的策略，以便顺利摆脱情绪勒索。

需要提醒的是，直白的、不留余地的反驳策略可能会让事态变得更加恶化，也会让对方的情绪更加激动。所以你可以采用比较温和的回应策略，比如你可以顺着对方的话头说下去，附和对方“你说得对”“确实是这样”，同时绝口不提对方要求的那件事。

直到对方筋疲力尽，暂时停止对你的情绪勒索时，你再明确地表明自己的界限在哪里，同时要让对方意识到你的态度非常坚定，不可动摇，那么对方也就不会再采用这种徒劳的方式来让你屈服了。

隔代卷入：关系入侵造成的分化与混乱

“隔代卷入”，也就是人们常说的“隔代育儿”，已经成为当今不可忽视的一种社会现象。它也是造成家庭界限不清的一个主要原因。

著名心理学家曾奇峰是这样看待隔代卷入的：（它）就是一个没有分化好的男人，跟一个没有分化好的女人结婚，然后有了一个孩子，这个家庭就有可能是一种很黏糊的关系。因为他们怕这种黏糊的关系带来的错乱，所以他们有意无意地邀请孩子的爷爷奶奶或者外公外婆进入家庭，这就是关系入侵。这样子呢，就影响了家庭中父母跟孩子的关系，这就是典型的中国家庭的特征，三代人像一锅粥一样。

分析曾奇峰的这段话语，我们会发现隔代卷入有这样几个特点：

第一，家庭中原本的主体——年轻夫妻还不够成熟，虽然完成了结婚、生子的人生大事，但是在经济上、心理上、经验上都还不具备独立的能力，无法承担养育孩子的重任。

第二，老人“卷入”家庭，使家庭结构发生改变——孩子的爷爷奶奶、外公外婆在关键时刻伸出援手，承担了照料孩子的责任，而小夫妻对待老人的态度却是矛盾的：一方面对老人有感激之情，另一方面又不希望老人在关系中过分越界。这就造成三代人之间的界限不清。

第三，隔代卷入相当于一种关系入侵，如果处理不当，很容易造成家庭的分化与混乱，各种矛盾层出不穷——这也就是曾奇峰所说的“三代人像一锅粥一样”的状态。

2019年9月，赵青和丈夫迎来了他们的第一个孩子。两人在喜悦之余，又不免为孩子的养育问题发愁。他们俩都处于事业上升期，如果选择在此时回家照顾孩子，势必影响到未来的前途。而且他俩也都没有什么养育经验，就连喂奶、换尿不湿之类的事情都做不好。

公公婆婆看他们如此为难，便主动请缨帮他们照顾孩子，小两口也很高兴，放心地把孩子交给了公婆。

可随着时间一天天过去，赵青却发现家里的问题越来越多。婆婆以前是小学教师，性格比较强势，对于带孩子的问题从来都是“说一不二”。赵青觉得有些地方可以改进，想和婆婆商量，婆婆却非常抵触，要么板着脸生闷气，要么哭着说：“我们老年人就是不中用，做什么人家都看不惯。”赵青只好给婆婆赔不是，心里却觉得非常委屈。

后来，赵青又发现婆婆对孩子实在是太过疼爱，总喜欢抱着孩子不放手，还常常和他们抢着抱孩子。有时赵青下班回到家，把孩子抱到自己的卧室，想和孩子玩一会儿，可还没过半小时，婆婆就推开门闯了进来，一把抱起孩子，嘴里还说着：“妈妈工作太累，让妈妈歇一会儿吧，宝宝来和奶奶玩。”赵青看着婆婆的背影，心里有一种说不出的滋味……

赵青把自己的烦恼讲给丈夫听，丈夫又转述给婆婆听，婆婆不免又痛哭了一场，一边哭还一边委屈地说：“我疼爱孩子也有错吗？你们处处针对我，这孩子我也不想带了！”一句话吓坏了小两口，他们只好给婆婆道歉，好不容易才安抚好她的情绪，可家庭氛围却变得十分紧张，基本上每天都会为带孩子的事情引发各种矛盾，大家的心情都很不好。

赵青的家庭就出现了典型的隔代卷入的问题，虽然年轻夫妻得到了“解放”，可以自由地发展事业、社交休闲，可是隔代相处的弊端也在逐渐暴露，老人和年轻夫妻之间的矛盾越来越深。究其原因，还是彼此之间缺少必要的界限，相互越界的问题十分严重。

想要避免这种隔代卷入问题，就应当从划清界限着手去打开症结。

第一，年轻夫妻应当注意的界限问题。

在隔代卷入的家庭中，老人和年轻夫妻首先应当明确各自担任的角色，即年轻父母才是孩子的主要监护人、负责人、教育者，老人是次要监护人、养育人、辅助者。

因此，年轻夫妻应当做出积极的转变，要适应自己的角色，促使自己主动成长，这样才能把育儿的责任承担起来。

即使因为条件限制，年轻夫妻无法陪伴孩子，也要在家中定好育儿的基调——提前告诉老人要遵循什么样的大方向（如不娇纵、不溺爱，保证卫生、健康、安全等）。

在定好基调之后，对于老人日常照料孩子的细节就不必过于计较，更不能指手画脚、批评指责，因为这也是一种越界，会让老人心中有一种很不舒服的感觉，很多家庭矛盾正是因为无意之间的越界造成的。

第二，老人应当注意的界限问题。

老人在离退休之后，有较多的闲暇时间，也有丰富的社会阅历、育儿经验，在抚养和教育孩子上是有一定优势的。

但是老人不能因此将自己视为育儿的绝对中心，更不该表现出过强的控制欲，要求年轻夫妻必须按照自己的意愿行事，那必然会让年轻夫妻有一种压抑、窒息的感觉，也会引发很多不必要的矛盾。

另外，老人还要注意把握好情感界限，不要有独占孩子的心态，而是要鼓励年轻夫妻多与孩子亲近，多承担育儿的责任。

在孩子逐渐长大懂事之后，老人要注意不能过于溺爱、袒护、迁就孩子，更不能在年轻夫妻教育孩子的时候主动越界，充当孩子的“保护伞”，那会造成亲人之间的情绪对立和情感隔阂，既影响孩子的健康成长，也容易导致家庭失和。

第三，在商议的基础上解决界限问题。

在养育、教育孩子的问题上，年轻夫妻如果和老人存在分歧，可以以商议的方式友好解决，切勿以干涉、指责的办法盲目越界，以免引发对方的不满。

比如，年轻夫妻认为老人的一些做法不太妥当，就可以寻找一些专业、科学的育儿书籍请老人学习，也可以用一些生动的事例或专家的意见来说服老人，这比干巴巴地讲大道理更容易让老人接受。

在具体沟通的时候，如果老人执意坚持自己的观点或做法，而这种做法不会给孩子造成负面影响，年轻夫妻就可以适当让步；但要是对原则性问题出现分歧，年轻夫妻就应当注意坚持底线，不可轻易退让。

只不过在把握界限的同时，年轻夫妻还是要讲求一些沟通方法，切不可与老人“硬碰硬”，更不要得理不让人，对老人横加批驳。年轻夫妻一定要顾及老人的自尊心，而且最好能够在老人心情愉悦的时候，以侧面提醒的办法给出建议，并要注意多从“为了孩子”的角度去说明。毕竟，老人和年轻夫妻有着一致的目标，都是为了孩子的健康成长在不懈努力，只要时刻把握好这个目标，就能够解决好界限问题，获得家庭友爱和睦的良好结果。

自主意识：不要让父母插手你的人生大事

“自主”，简单地理解，是一种独立于他人、不受他人支配的状态。它要求我们不仅在行为上，还应在认知、态度和情绪上，都要脱离他人的限制。

和父母的关联和独立常常是“自主”这个命题最为重要的环节，特别是从青春期到成年早期的这段时间，子女想要实现“自主意识”的需求往往会变得非常强烈。

然而，在很多缺乏界限感的家庭中，父母由于和子女过度关联，不停地对子女的个人生活指手画脚，致使子女的“自主意识”受到了限制和打压。在这类家庭中，子女没有自我管理的权利，并会碍于父母的压力不得不放弃自己的自由选择权。这会让他们承受巨大的心理压力，严重时还会妨碍他们人格的健康成长。

佳倩是父母眼中的乖乖女，她一直非常听话，也让父母非常放心。

但是随着一天天长大，她开始有了自己的想法，想要体验一下不让父母插手的人生。

大学毕业后她去了外地，在一家辅导机构担任教师，自我感觉这份工作很适合。在工作期间，她还认识了一个不错的男孩小李，两人很快坠入了爱河。

在和父母通电话时，佳倩兴奋地说出了这些“好消息”，可父母一听说小李家庭条件不好，就对他嗤之以鼻，非要佳倩和小李分手。

对于佳倩的工作，父母也很不满意，他们告诉佳倩：“我们在老家给你找了一份事业单位的工作，你赶紧回来好好上班。”

佳倩一点都不想回家，她已经适应了现在这个城市的生活，也很喜欢现在的工作单位；而且她和小李的感情越来越深，不想就这样放弃。

佳倩试着和父母沟通，但他们表现得十分强势，根本不在乎佳倩是怎么想的。见佳倩不肯接受自己的安排，他们竟在电话里说：“你不听我们的，以后就和我们断绝关系！”

父母的逼迫让佳倩十分痛苦，她不明白为什么自己已经23岁了，却还不能对人生大事自主决策，还得事事听命于父母。

在痛哭了一场后，她暗暗下定决心：这次不管父母使用什么招数，她都不会屈服，不会走父母为她选择的道路……

在佳倩心中，强烈的自主意识正在苏醒，她渴望脱离父母的控制，渴望完成与原生家庭的分离，渴望在自己的生活和父母的生活之间建立起清晰的边界。

这种对于“自主”的追寻是非常可贵的，当一个人能够在态度上、情绪上、行为上实现真正自主的时候，他的自尊水平会明显升高，对于社会的适应能力也会大大增强；他会有更多的幸福感，也会更加自信，不会被自卑、抑郁情绪缠绕。

心理学家曾经对63个不同国家的42万个随机挑选的对象进行过调查，发现那些不依赖父母、能够对人生大事自主决策的人，基本心理健康水平都比较高，焦虑和压力水平也比较低。相反，无法实现自我选择、自我负责、自我管理的人则更容易陷入自卑、焦虑和对自身的厌恶感中。

那么，我们该如何判断自己是不是一个真正自主的人呢？根据苏珊·弗兰克等美国心理学家的研究结果，我们可以将一个人获得自主的过程概括为三个方面的变化：

第一，能够在自己和父母的生活之间建立起清晰的界限。

一个真正自主的人，已经顺利地完成了与原生家庭的分离，他们不会继续生活在父母的“护翼”之下，让父母为他们人生中的各项事务做打算。

他们已经能够将分属于自己和父母的事务界限清晰地区分开来，不会让父母过多进入自己的“新生家庭”，干涉自己或伴侣、子女的生活。

与此同时，他们也能够与父母发展出亲子关系之外的、全新的、属于几个成年人之间的关系，不会让彼此之间的“情感界限”模糊不清。

第二，能够很好地适应外界环境，可以实现自主决策。

一个自主的人具备独立生存的能力，可以较好地应对各种困难的处境，在经济上也能与父母分开，不用再接受父母的资助，依赖父母生存。

这一点对于实现自主是非常重要的，如果一个人还在依靠父母的力量度过经济危机，就会慢慢失去自尊，更加无法对父母的要求说“不”，也谈不上和父母建立正确的界限。所以想要自主，第一步就是要放弃父母的供养，靠自己的力量好好生存。

在经济独立的基础上，他才能够在人生的重大选择中行使自由意志，像在找工作、挑选配偶、成家立业等方面自主决策，而不是将决定权交给父母。

第三，能够很好地掌控自己的情绪和行为，不受父母影响和控制。

一个真正自主的人能够控制住自我的情绪，在出现羞耻、内疚、愤怒等负面情绪的时候，他不会任自己被负面情绪所淹没，或是出现情绪失控、行为失当的情况。

他也不会轻易让自己被父母的情绪影响，而且他能够坚定地表达自己的需求和价值观，即使这种需求和价值观与父母的意志相违背，他也不会轻易妥协，不会因为父母哭泣、发怒、冷暴力而改变自己的想法。

你可以对比以上三方面去衡量自己的自主意识，看看自己是否已经做到了真正的自主。

需要提醒的是，你必须在“自主”和“割裂”之间把握好分寸，因为自主并不是要求你放弃亲情，一味追求与父母的彻底分离；相反，良好的家庭关系对于自主意识的觉醒反而能够产生正向促进作用。

比如在一些民主氛围浓厚的家庭中，父母会主动鼓励子女建立正确的价值观，还会帮助子女发展自我意识。子女对此应当持欢迎态度，切勿为了争取独立，故意对父母持轻慢态度，或是刻意在家庭中制造冲突，这样反而不利于自己健康人格的发展。

除此以外，追求自主的人还应当时刻用“责任意识”来提醒自己，因为自主并不是任性妄为，它意味着要对自己所做行为引起的后果承担责任。

也正是因为这样，著名的存在主义心理治疗家弗兰克尔才会把“行使自由意志”分为两个层面：第一层是“自由的选择”，也就是说不论你身处多么恶劣的环境，都有权利自由选择自己的立场，选择自己对于命运的反应方式和未来的生活道路。第二层是“承担选择责任”，也就是说你一旦做出了选择，就要负责任地坚持下去，不能因为遭受挫折就改弦更张，选择屈服于他人（主要是父母）的意志。

只有做到了上述两个层面，才算是实现了自主管理和自我决策，也才算是真正掌握了“自主”的能力。

自我释放，从“共生关系”中优雅退出

“共生”本是生物学的概念，指的是不同种的生物共同生活在一起，相互依赖，彼此有利。而在家庭之中，也会存在这样的“共生关系”：家庭成员之间毫无界限感，彼此构成了紧密互利的关系，个人已经很难从家庭中分离出来，也难以培养出真正的自我意识。

卢星在很小的时候就表现出了极强的运动天赋，他的父母对他寄予了厚望，特别是他的母亲，为了将他培养成才，竟辞去了自己的工作，一门心思陪伴他接受专业训练，希望能将他培养成为优秀的运动员。

从那以后的十几年里，母亲每天骑着电动车，风雨无阻地将卢星送到训练班；卢星接受训练的时候，母亲就一直站在跑道边，卖力地为他助威、打气；回到家后，母亲又大包大揽，所有的家务事都不用他做，就连一只袜子都不让他洗。

在母亲的精心培养下，卢星的成绩提升得很快，20岁时就在一次重要的青年组比赛中荣获了大奖。当地的记者想要采访卢星，母亲却总是抢着答话，想让大家知道卢星能够有这么好的成绩，都是因为她的无私付出，而她自己最骄傲的事情就是培养出了这么优秀的儿子。

卢星默默地坐在一旁，听着母亲不停地诉说，脸上慢慢浮现出了尴尬的表情。他其实一点都不喜欢这样的生活，可他却不敢告诉母亲，生怕这会让母亲觉得失望、难过……

卢星和母亲之间就是一种病态的共生关系——母亲和孩子是紧密地连接在一起的。作为关系的建立方，母亲会表现得越来越强势，并会努力去维护共生关系；而卢星作为关系的接受方，则会慢慢失去自己的界限，也会失去对这种关系的质疑和反抗。

心理学家认为，在共生关系中会出现两类最为普遍的问题：

第一，感受性依赖。

在共生关系中，父母对子女的教养常常分为专制型和溺爱型两种。专制型的父母会粗暴地用自己的感受来替代子女的感受；而溺爱型的父母则会将子女的感受和自己的感受混为一谈，无法分开。

这两种教育方式都会让子女没有空间和机会去发展自己的感受能力，而这将让他失去自己的情绪界限：他无法清晰地表达情绪，也不能独立地享受快乐、感受痛苦，而是要和家庭成员一起共享快乐、感受痛苦。

第二，经验性依赖。

很多处于共生关系中的父母还会把自己的经验强加给子女，并会坚定不移地认为“这都是为了你好”，可是他们却忘记了子女正在不断成长，他会接触新鲜的事物，会结识形形色色的人，也会对很多问题产生自己的看法、态度和经验。

子女只有在自己的经验中成长、锻炼，才会变得成熟，但共生关系中的父母却剥夺了子女这种经验增长的机会，这必然会对子女产生很多不良影响，很有可能会让他无法处理好人际关系、恋爱、婚姻中遇到的各种界限问题。

为了打破这种不健康的共生关系，生活在其中的子女需要学会“自我释放”，以便从关系中退出，并找回自己的独立性和界限感，而这，可以从以下几点做起：

第一，从心理上与父母分离。

美国心理学家斯科特·派克认为，真正的爱是“懂得分离”的爱。在一个家庭中，父母首先要主动与子女分离，这样才能促进子女的人格成长。然而很多父母在子女逐渐长大、表现出独立意愿的时候，却会感觉焦虑、惶恐，他们无法忍受与孩子的“分离”，这是共生关系产生的心理机制之一。

对此，子女应当有清楚的认识，要有“摆脱共生”的主观愿望，并要客观看待自身处境，努力在原生家庭中保持部分的独立意志。

当然，这并不是让子女去抱怨父母、责怪父母或是与父母激烈对抗，而是要从心理上与父母分离并建立起自我界限，从而避免出现独立能力差、生活能力差、做事缺乏主见等一系列问题。

为此，子女可以先在一些小事上表达自己的意愿，如每天在家做什么，晚上几点回家，与什么样的人交朋友，等等，像这样的事情都可以尝试由自己来做主，之后再从小事扩大到大事，直到最终能够走出共生关系。

需要指出的是，在摆脱共生状态的同时，子女仍然需要同父母保持情感联系，使父母能够明确地接收到你的关心和爱意，这样才能缓解他们的“分离焦虑”。

第二，学会重建独立性和自信心。

在共生关系中，父母处处大包大揽，往往会让子女对自己的能力产生怀疑，并会在内心深处把自己看成未长大的孩子，由此逐渐失去独立性、自信心，并有可能对自己产生厌恶感。

因此，子女在做好心理分离的同时，还应当找回自己的价值，要学会欣赏自己、肯定自己，不时给自己赞美和认同，以改变这种“低价值感”。

第三，建立自己的“情感舒适区”。

在共生关系中，父母与子女的情绪几乎是没有界限的，这会让彼此的情绪互相影响，容易引发各种问题。

为了找回真正的自己，子女应当给自己制造一个独立的“情绪空间”，比如可以让自己一个人待在房间里，保持每天至少一小时不被打搅，这可以让你暂时从纷繁的家庭关系中解脱出来，使你有机会与自己的情绪共处。与此同时，你还可以学习一些有效的情绪管理的方法，时间长了，你会发现自己的情绪界限逐渐明晰，情绪状态也趋于稳定，不会再轻易受到父母情绪的影响。

第四，你还应当学会建立“完全的责任感”。

所谓“完全的责任感”，就是要厘清自己在家庭中的责任界限，认清什么是自己可以控制的，什么又是不可控的。有了这样的界限后，你就可以对那些控制不了的事情放手，从而能够避免自责、羞耻、内疚等负面情绪的滋生。

当你能够做到自我负责、自我赋权、自我管理的时候，你就可以完成与共生关系的告别，成为一个完整的、真正的自我。

第八章

走出人际博弈的困局

将社交思维从“防御型”转向“进取型”

你是一个害怕社交的人吗？一到社交场合，你就会感觉十分疲惫，表现也会变得很不自然？在内心深处，你认为社交是虚假的、没有意义的吗？

对上述问题做出肯定回答的人，在人际交往中所持的是一种“防御型”思维，他们往往有“界限僵硬”的问题，会疏离于群体，让人觉得冷漠、不近人情。有时正常的人际沟通和社交活动在他们眼中还会蒙上一层恶性竞争的底色，此时他们的“防御型”思维又会转为“攻击型”思维，他们的行为也会显得十分偏执，更有可能对他人表现出莫名其妙的敌意。

34岁的张黎在一家国企工作，她性格内向，身边没有什么要好的朋友，也一直没有谈过恋爱。她曾经相过几次亲，可总觉得对方与自己的“理想型”相差太远，而且她戒备心理太强，不愿意与人深入交谈，因此总是见过一面就宣告放弃。

张黎和家人的关系也处理得不好，觉得他们不够理解自己，虽然自己努力在为家庭做贡献，可父母还是对她“很挑剔”。有时她会暗暗讨厌自己的父母，认为父亲很自私，母亲又很懦弱，可她很快又会为自己的这些想法感到内疚，觉得自己不应该这样对待父母。

在工作方面，她认为自己很有能力，也表现出了足够的敬业态度，可就是因为不会像同事那样灵活处理各科关系，才一直没能得到领导的青睐，没有获得升迁的机会。在办公室里，她习惯独来独往，从不参与同事们的谈话，有时看到同事们围在一起窃窃私语，她就会开始猜测他们是不是在议论自己。张黎其实也很讨厌自己的这种状态，却不知道该怎样进行调整。

在张黎身上，存在典型的防御型思维模式，在这种思维模式的影响下，她会过分强调自我认知和自我界限，会对他人持排斥、抵抗态度，这会让她无法拥有正常的人际关系。

至于这种防御型思维的产生，则可能与以下几种因素有关：

第一，个体缺乏安全感。

个体对自我界限极为敏感，有时甚至会无中生有地认为会遭到他人的“侵略”，因而会不由自主地表现出攻击倾向，而这恰恰是内心极度缺乏安全感的一种表现。

第二，家庭教育、成长经历的影响。

个体在幼年时受到过父母、亲人情感上的忽略，使其对家庭成员的关系充满不信任，这种态度又会影响到其日后与他人的交往，会在交往时表现得防御性过强，容易出现态度冷漠、多疑、有敌意的问题。

第三，在过去的人际交往中受到过伤害。

过去人际交往的失败经历也会引发防御型思维，比如曾经被人严重否定，造成了心理负担，并有可能影响自我认知，使得日后在与人相处时缺乏自信，觉得“没有人会喜欢自己”，因而无法放松身心与他人自然交往，久而久之还会发展为逃避社交。

斯坦福大学的心理学教授卡罗尔·德韦克指出，人们只有将思维方式从“防御型”逐渐转变为“进取型”，才能走出人际交往的困局，而社交也就不再是一件苦差事，而是成为探索和学习人与人之间界限的好机会。

为此，你可以从以下几点进行自我调整：

第一，转变自己的心态。

防御型思维模式会让你的心态变得消极，使你更加关注社交带来的心理压力，并将社交视为不得不去完成的某种义务。

你应当学着从积极的角度看待人际交往，比如对于职场社交，你可以着重关注交往带来的成长、职业提升和成就感，这会增强你的社交动机，使你开始对交往感到兴奋、好奇。

德韦克曾经用这样的例子来具体说明两种心态带来的差异：一个原本非常厌恶社交的人接到了一个活动邀请，防御型思维会让他产生消极想法：“太糟糕了，我不得不去现场做一番虚假的表演，还得表现出非常享受的样子。”而这无疑会影响他在活动中的表现。

可要是他转变心态，这样对自己说：“或许这个活动是很有意思的，我可以认识一些有趣的人，能够听到新的想法，获得新的体验，或许还能获得一些不错的机会。”这就是一种进取型思维，会让他在交往中变得积极、热情、开朗，因而也会更受他人的欢迎。

第二，思考你的交往价值。

为了改变防御型思维，你还可以在交往前试着思考一下自己与他人的利益是否有共同之处，之后，你可以将注意力集中于这部分利益上，这也有助于减轻你对他人的敌意。

如果你实在找不到共同利益，也可以开始思考自己能够给他人带来什么样的价值。这样的思考也能够改变防御型思维——你会发现自己在他人眼中并没有那么糟糕，他人可能很渴望与你建立关系，而你只需要放松戒备，打开过于僵硬的界限，向他人展露交往的意愿，就能让“不善于交际”的现状得到改变。

第三，找到你的交往目标。

交往目标也会影响你对社交的兴趣和表现，如果能够找到一个富有吸引力的目标（如让你很感兴趣的某个人），你就能够克服心理不适，并能够学会用进取型思维思考问题，这会帮你减少对他人的抗拒和敌意，使你能够在交往中表现得更加自如。

总之，你应当多多尝试进取型思维，不断激励自己，这样你才会对交往充满兴趣，也才会建立起高质量的人际关系。

学会合理求助，在界限范围内赢得支持

寻求帮助，本是人际交往中非常常见的行为，但有一部分人却对“求助行为”异常抗拒，他们即使身处困难之中，面临举步维艰的窘境，也不愿意轻易向他人开口。

心理学家通过研究发现，不敢求助的人主要有这样几种心理：

第一，担心会遭到拒绝。

只要开口求助，就有被人拒绝的可能，但那些心理承受力差的人会把这当成一种挫败经历，并会因此产生心理负担，所以为了避免“挫败”带来的痛苦，他们宁可不向他人求助。

第二，害怕会“自降地位”。

内心强大、对自己的能力充满信心的人不会畏惧向他人求助，而那些不够自信的人却害怕求助会暴露自己的短板，会让自己在他人心中的地位下降，也就是会被他人看不起。

第三，不想出让“自主权”。

有的人还会把求助当成对他人的“亏欠”：如果对方帮助了自己，自己在对方面前就会“矮上一截”，不能再像以前那样表现得自信、从容。

第四，担心会触碰他人的界限。

有些不擅长求助的人还担心自己的行为会引起对方的反感，所以他们不敢“鲁莽”地开口，生怕会触碰他人界限而影响人际关系的和谐。

正是由于上述这几种心理因素存在，开口求助才会变得如此困难。

雷佳的孩子被当地一所有名的幼儿园录取了，这本是一件让人高兴的事，可是雷佳却被孩子从幼儿园带回来的一张表格难住了。

这张表格是园方要求家长填写的儿童资料表，上面有“紧急联络人”一项，需要家长填写除父母以外的第三位联络人。

雷佳和丈夫都是外地人，身边没有亲友。两人性格都很内向，生活方式也比较简单，每天除了和同事、领导打交道外，就再也没有别的交际圈子，实在找不出一个能够帮忙接送孩子的人。

夫妻俩想来想去，忽然想到邻居魏丽是一位全职妈妈，孩子在幼儿园附近上小学，可以帮他们这个忙。丈夫让雷佳去找魏丽求助，雷佳却十分犹豫，她觉得平时邻居们来往不多，现在贸然开口，可能会让魏丽觉得很烦。而且雷佳还担心自己这么去找魏丽，会让魏丽觉得自己“很可怜”，连个能帮忙的朋友都找不到，才会寄希望于不熟悉的邻居……

雷佳在向邻居求助之前，心中就出现了各种各样的想法，她害怕会引起邻居的反感，也担心会被邻居瞧不起，其实这样的担忧是完全没有必要的。首先，邻居具有帮助她的条件：时间非常充裕，可以在接送自己孩子的同时顺便帮忙。其次，雷佳的求助也不会给邻居增添太多麻烦：因为邻居只会作为“紧急联络人”出现，除非雷佳夫妻俩都没有条件接孩子，老师才会给邻居打电话。

因此雷佳完全可以大胆向邻居求助，不用觉得不好意思，更不用担心会被邻居笑话。其实，能够向正确的人求助也是一种优点，说明你能够分辨人们的界限所在，也能够找到最好的解决问题的办法，而且向本不熟悉的邻居求助，还能够打破社交隔阂，扩大交际圈子，更可为自己增加一条人脉，可谓一举多得。

从这个案例中，我们也可以学到一些向他人求助的要点：

第一，先破除你求助的“心理障碍”。

你应当把求助看成一种勇敢的尝试，不论结果如何，你都成功地说出了自己的需求，这就是一种明显的进步。至于对方是应允你还是拒绝你，都是他们的权利，你不必把他人的拒绝当成对自己的“否定”，也不要对此耿耿于怀，以致影响人际关系的和谐。

另外，你还应当摆脱过度的“好面子”心理，不要觉得求助就会影响自我价值，相反，正确的求助能够推进事情顺利进行，也能提升你在他人心中的形象，所以你应当放下架子，做好向他人求助的准备。

第二，确保自己的请求不会超越对方的界限。

在做好心理准备之后，你还应当合理分析自己的请求，也就是要确保自己的要求不会超越对方的界限而成为他的一种负担。

为此，你可以采用“换位思考”的办法，从他人的角度来重新看待这个问题，看看你的要求会不会占用他人过多的时间和精力，会不会让他人有压力感，会不会影响他人的情绪状态，等等。

如果这些问题的答案是肯定的，你就应当考虑改变求助计划：要么改变求助内容，以降低求助的难度；要么改变求助对象——转为向那些能力更强、时间更充裕的人求助。

第三，寻找最合适的求助对象。

很多时候你的求助会被拒绝，是因为你没有找到正确的人。比如，有些事情在A看来非常困难，可在B那里却只能算是“举手之劳”，但你却选择向A求助，那自然会让A觉得非常为难，A还会认为你这是一种越界行为，自然会不客气地拒绝你。

由此可见，在求助之前，你还要进行一番对象分析，要找到那些有能力提供帮助的人，再向他们开口求助。不过，你也应当注意尽可能地给对方减少麻烦，所以在求助之前要认真思考，把你的问题用最简洁的语言描述清楚，使对方一听就能明白你的意思。

另外，如果你需要向同一人求助多项事务，为了避免打扰到对方，你可以先将这些事务进行合并，再争取一次求助就能解决所有问题。

第四，给予对方“心理回馈”。

当你得到对方的帮助之后，一定要注意处理好“回馈环节”。有不少人觉得接受他人的帮助是一种理所当然的事情，他们甚至连一句“谢谢”都懒得向对方说，而这必然会引起对方的强烈不满，下一次再想求助就会难上加难。

事实上，人是有“利他行为”动机的，这种动机会让人们在帮助别人时体验到真正的快乐。如果接受帮助的人能够给予称赞、认可、信赖之类的正向回馈，这种“利他动机”就更是会得到强化，会让人感觉非常愉悦。

所以你一定不要吝惜这些“正向回馈”，除了要在语言上表达你的感谢之情外，还要用切实的行动来回馈对方——如果对方遇到了难处，恰好又是你擅长的领域，你应当慷慨地给予支持。

如此一来，你们之间便能够建立起合作共赢的关系，也能够推动人际交往向着更加深远、更加牢固的层次发展。

别被“自己人效应”拖累

心理学上有一条“自己人效应”，说的是在交往时，为了取得对方的信赖，让对方接受你的观点、态度，就要注意保持“同体观”，也就是要把对方变为“自己人”，这样即使提出一些让对方为难的要求，对方也不太容易拒绝。

或许是受到了这条效应的启发，生活中有很多人喜欢以“自己人”自居，在相对熟悉的人面前，他们会用“反正都是自己人”作为借口，肆意践踏他人的界限，好为自己博取更多的利益。

有时你实在不想再受到他们的拖累，直言不讳地指出他们的某些言语和行为是不妥当的，他们就会摆出一副受伤的表情，委屈地对你说：“我这不是把你当成自己人才这么做的吗？想不到你这人这么见外，真是没意思……”

此时你可能会有些哭笑不得，但这类人却还浑然不觉，总以为一句轻描淡写的“自己人”便能掩饰所有没有分寸的交往行为。

36岁的刘杰依靠自己的辛苦打拼，拥有了一份辉煌的事业，成为人们眼中的成功人士。最近，他接受母校的邀请参加了一个讲座，为学弟学妹们介绍自己的成功经验。

回公司没几天，刘杰的手机上就收到了这样一条短信："师兄您好，我是您的师妹小琴，请问贵公司还招收实习生吗？"

刘杰回忆了半天，才想起讲座结束后，有几个同学向自己索要过名片，而这位"小琴"就是其中之一。

刘杰不了解小琴的具体情况，也没有招收新人的打算，就委婉地回复道："不好意思，最近公司没有这方面的安排。"

不一会儿，小琴又发来了信息："那您能帮我和××公司的领导联系一下吗？我很想去那里实习。"看到"××公司"的名字，刘杰吃了一惊，因为那可是一家很有影响力的大企业，很多大学生都渴望去那里实习。

刘杰摇了摇头，回复道："我们和那家公司没有业务往来，可能帮不上你。另外我觉得你得准备一些有分量的证书，再考虑去大公司应聘。"

"可是我只有英语四级证书，六级还没考过，这可怎么办呢？师兄，要不还是你帮我找找关系，落实一个实习单位吧。"小琴恳求道。

刘杰实在没有办法，只好对她直说道："不是我不帮你，大公司的起点比较高，你没有相关资历，适应不了复杂的工作流程。即使我安排你去了大公司，你很可能什么都做不了，反而会影响实习成绩。所以我真诚建议你找一些相对普通的单位锻炼一段时间。”

不久，小琴就发来信息：“算了，您也不用再找借口了。我是拿您当自己人才找您帮忙的，真没想到结果会是这样！”

刘杰十分无语，好半天，他才叹了口气，摇摇头，把小琴的电话从通信录中拉黑了。

刘杰遇到的就是一个喜欢用“自己人效应”求人的女孩，她用学妹的身份和刘杰套近乎，觉得帮忙找实习单位对于刘杰来说只是举手之劳，可这都是她一厢情愿的想法。在使用“自己人效应”的时候，她并没有站在刘杰的角度去考虑过问题。

事实上，每个人都有自己的界限意识，在界限以内才可以被称为“自己人”。案例中，这种对“自己人”的认定应当由刘杰自己做出，学妹在他眼中，只能算是没什么关联的“外人”，而她一开口就提出了“落实一个实习单位”的要求，无疑会让刘杰感觉受到了冒犯。

在生活中，像这个学妹这种缺乏界限感的人并不在少数，比如那些不打招呼就取用你的私人物品、翻看你的手机、不停地找你借钱借物的人，还有那些明知道会让你为难还向你提出各种要求的人，都属于此类。

假如你遇到了这些没有分寸的“自己人”，一定要注意守卫好自己的界限，千万别让自己的思维被对方牵着鼻子走。

要知道，界限感的模糊是“自己人效应”能够屡屡得逞的主要原因，那些在交往伊始就急着攀关系、套近乎的人，正是在刻意制造一种心理错觉："你和我是自己人，所以我的事就是你的事，你怎能忍心不理不问？"

为了避免落入"自己人效应"的陷阱，你就应当明确并强化自己的界限，要以郑重的态度告诉对方："很抱歉，你所说的事情并非我的责任，我确实无法做到。"

你坚定的态度能够让对方感受到界限的存在，他们虽然会对你抱怨不已，却也很清楚不可能再用"自己人效应"胁迫你就范。

当然，在主动防范"自己人效应"的同时，你自己也要注意拿捏好交往的分寸，千万不要变成讨人嫌的"自己人"。

为此，你可以按照心理学家的建议，着重做好以下两点：

第一，多问自己一句"对方会怎么想"。

在求人办事时，你可能会本能地先想到自己，却不去考虑这样做会不会让对方为难，因而常常会在无意中踩入对方的界限而不自知。

想要避免出现这种情况，你不妨在开口前先问问自己："对方要是听到我这么说，会怎么想？"之后，你可以把自己代入对方的角色进行思考，就能够体会到对方的为难之处，也就能够减少越界的可能。

第二，适当模仿对方的回应方式。

在交往中我们还应当注意到这样一个事实：交往双方对彼此关系程度的判断可能并不一致。比如你和对方无话不谈，将对方划入了"挚友"的范围，而对方却还没有这样的认知，可能仍然只把你当成"普通朋友"，只是和你的共同语言多一些而已。

这种对关系认知的差异，也容易造成误触界限。所以你很有必要先观察一下对方的言语、行为，感受一下对方是如何对待你的，之后你可以采用同样的方式回应对方，就不会让对方有“界限被侵入”的感觉了。

跷跷板定律：互惠互利才能皆大欢喜

想要把握好人际交往的界限，走出人际博弈的困局，你还要牢记一条“跷跷板定律”。

这条定律的意义其实不难理解，你不妨想象自己和对方正坐在跷跷板的两头，想要让自己被高高地抬起来，就需要对方用力向下压；同样，当你用力下压时，对方也能够在杠杆原理的作用下得到抬升……

每个人都很喜欢那种高高升起的感觉，可要是双方都很自私，不肯付出“下压”的作用力，游戏就无法再继续下去。

人与人之间的交往也是如此，如果你想要一直维持高高在上的优势位置，安然地享受对方提供的便利，却不尊重对方的界限，不考虑对方的需求和感受，也不愿意向对方提供任何支持，那就必然会引起人际关系的失衡。

“文慧，我又碰到麻烦了，你可一定要帮帮我啊！”李菲在电话中急切地说道。

这头的文慧不禁皱起了眉头，因为她已经猜到李菲想要说什么了。果然，李菲老调重弹：“文慧，我有点急事要处理，晚上没有办法带孩子。一会儿我先把孩子送到你那儿，办完事就来接，不会耽误你休息的，你说可以吗？”

文慧还没来得及发表意见，李菲就急急忙忙地抢着说：“我实在来不及了，得赶紧出门了。咱们就这么说定了吧，待会儿见。”

说完，李菲“啪”的一声挂断了电话，根本就没给文慧留下拒绝的机会。文慧不禁摇头苦笑，她知道自己又一次沦为了李菲的“免费保姆”。虽然李菲说办完事就会回来，可她从来没有兑现过自己的诺言，而文慧为了帮助她，却不得不搭上自己一整晚的时间。

或许李菲并不是故意要这么做，可她就是不肯做好事前计划，每次都会把事情弄得一团糟，然后就会找文慧来解决问题。

但文慧也会遇到麻烦，也需要有人支持，每到这种时候，李菲就会很自然地说：“文慧，真不好意思，我什么都干不好，没办法给你帮忙。不过你那么能干，我相信没有什么事情会难住你。”

文慧还能怎么说呢？她只好无奈地笑笑，再靠自己的力量渡过难关，可她心里却越来越不舒服，对李菲的感情也越来越淡薄……

文慧与李菲本是一对好朋友，可是她们之间却出现了严重的界限问题。李菲不会对自己生活进行合理的规划，遇到麻烦时就会自然而然地向能干的文慧求救，可她却从没想过这样做会给文慧造成什么样的困扰。

更糟糕的是，当文慧需要支持的时候，李菲却在第一时间采取了逃避、退缩的态度，这必然会伤害文慧的情感，会让文慧有一种被利用、被剥削的感觉。久而久之，文慧对这种不对等的人际关系越来越厌恶，李菲也迟早会失去这位真诚、善良、热心的好朋友。

从界限心理学的角度来看，文慧的角色相当于“顺从者”，她没有与自己的朋友设立明确的界限，也不懂该如何恰当地拒绝他人，所以在李菲提出要求后，她心里虽然不舒服，却还是会尽力为李菲解除烦恼；而李菲的角色则相当于“控制者”，虽然她可能不是有意地要操纵自己的朋友，但在她的内心深处，确实认为朋友理所当然地要为自己提供帮助，却从来不去考虑自己能够为朋友做些什么。

当“顺从者”与“控制者”坐上了跷跷板的两头，我们就会看到跷跷板永远保持着“一头高一头低”的状态：“控制者”安然地享受着“顺从者”带来的方便，“顺从者”却已是疲惫不堪、厌烦不已。

由此可见，想要保持人际关系的健康、和谐，你既不能让自己成为一个憋屈的“顺从者”，也要避免变成只顾自己、不顾他人的“控制者”。

在与他人交往互动的时候，你应当始终牢记“跷跷板定律”，要与他人建立互惠互利的人际关系。需要指出的是，这里所说的“互惠互利”指的不是要和对方去交换利益，而是要让对方在付出爱心、情感、关怀的同时，也能够得到相应的情感回报，这样人际关系才能保持长久。

为此，你在与人交往时应当做好以下两点：

第一，避免“自我中心主义”。

自我中心主义者时刻以“自我”为首要考虑的对象，他们凡事只希望能够满足自己的欲望，还要求人人都能为自己无私奉献，却将他人的需求置之度外，因而会给人“自私自利、损人利己”的坏印象。

这种自我中心主义会成为人际交往的障碍，它会妨碍你的人际关系向正常的方向发展，也会让你身边缺乏真正的朋友。所以你一定要改变认知，不要总是把自己当成关系的中心，要求他人必须围着自己转。

倘若你希望他人给予自己关怀、帮助、支持，就应当有相应的付出，这样才能让人际关系保持平衡和对等。

第二，在人际关系中把握好界限。

人际关系中常常有两种人：一种人依赖性太强，遇到任何麻烦都会依赖朋友去解决，有时还会得寸进尺，强人所难；另一种人是典型的“老好人”“热心肠”，对待问题不分轻重，只要是朋友的请求都会有求必应，哪怕会让自己深陷泥潭也在所不惜。

这两种人都会破坏自己和他人的界限，会让界限变得模糊不清，由此也会给双方带来层出不穷的麻烦。

因此，你在人际关系中一定要掌握好分寸，不能过分依赖朋友，不到实在有困难的时候最好不要给朋友添麻烦，而且提出的请求一定要在朋友的能力范围内。而当朋友有困难的时候，假如你的时间和能力都允许，你就应当及时伸出援助之手；假如你不具备帮朋友解决问题的能力，也可以给予他们安慰和支持，并可以和他们一起分析眼前的难题，为他们提供一些有建设性的建议。

这样的关系才算是互惠互利的，能够让彼此得到尊重、慰藉，关系也能够更加长久、稳固。

慎用“自我暴露定律”，守护好隐私界限

在进行人际交往时，我们常常会听到这样一条定律——“自我暴露定律”。它指的是要向交往的对象有意地、主动地暴露自己的一些真实信息，以便获得对方的信任，从而拉近双方之间的心理距离，使关系变得更加亲密。

很多人对这条定律深信不疑，并会在交往中大量使用这种“自我暴露”的方法，但他们却没有注意保护好自己和他人之间的界限。他们可能会犯“交浅言深”的错误，对初次相识或关系不够亲密的对象过多暴露自己的隐私，结果却引起了对方的厌烦，有时还会被对方看成适应不良的自我中心主义者。

37岁的罗涛长相帅气，还拥有一份体面的工作，家境也比较殷实，可自身条件不错的他却一直没有找到心仪的女朋友。

在同事的撮合下，罗涛准备和一个在外企工作的女孩小梅相亲。罗涛看过小梅的照片，也了解了小梅的一些情况，对她非常满意，决定要在相亲时好好表现一番，赢得小梅的青睐。

当天一见到小梅，略微寒暄了几句后，罗涛就讲起了自己的一些情况，他把兴趣爱好、工作经历等信息分享给了小梅，小梅很有礼貌地回应了他，还询问了他一些不太重要的问题，交谈进行得很是顺利。

罗涛觉得自己和小梅一见如故，可以交谈一些更加深入的话题，于是他毫不忌讳地讲起了自己的"小秘密"，像大学时期的初恋、和父母之间的分歧、和同事之间的一些矛盾等，他都向小梅和盘托出。

罗涛的表现让小梅有些惊愕，她开始坐立不安，表情也变得很不耐烦，可罗涛却并未察觉，依然自顾自滔滔不绝地说着……

十几分钟后，不堪忍受的小梅找了个借口离开了，罗涛想要送送她，也被她拒绝了。

晚上，罗涛怀着忐忑的心情，给小梅发去了微信，问她："你觉得我这个人怎么样？"过了半个小时，他才收到回复："对不起，我们不太合适……"

"唉，又失败了……"罗涛的心情顿时跌落到了谷底，回顾相亲时的情景，他认为自己表现得还算不错，可小梅为什么会不喜欢自己呢？

罗涛和小梅是初次见面，关系并不亲密，在交谈时应当注意把握好界限，不要随意触碰对方的隐私；不仅如此，在进行自我暴露时也一定要控制好尺度，可以有选择地透露一些不太重要的个人信息，但切勿进行过度暴露，否则不但会给对方造成心理压力，也会造成个人隐私的泄露，可能会给自己招来很多麻烦。

为此，心理学家提醒人们，自我暴露的程度应当与交往情境、交往对象和双方之间的关系程度相符。

具体来看，自我暴露可以分为以下四个层次：

第一层：暴露一些表面化的个人信息，如兴趣爱好、生活习惯等；

第二层：暴露个人对某些事、物、人所持的态度、看法等，如对公众人物的评价、对时下一些社会热点事件的看法等；

第三层：暴露个人的社会关系情况、情绪变化情况等，如自己同家人之间的关系状态，与同事、领导的关系状况，或是自身的消极情绪以及让自己感觉焦虑或烦恼的事情等；

第四层：暴露个人不会轻易说出口的隐秘信息，以及可能不被公众接受的态度、想法和行为等。

这四个层级是逐步深入的，越高的层级适用于越亲密、持久的关系和越信赖的对象。若只是初次相遇或偶尔打交道，在自我暴露时最好不要超过第二级，这样才不会破坏双方之间恰到好处的“界限感”。

除此以外，在进行自我暴露时还应注意“互惠原则”和“渐进原则”：

第一，互惠原则。

自我暴露应当具有交互性，也就是说，当我们向对方坦诚告知个人信息后，对方应当给予响应和回馈，这样双方都能够从自我暴露中获得愉悦感、亲切感，这就是自我暴露的“互惠原则”。

然而在现实生活中，我们可能会遇到这样的情况：在我们进行了一定的自我暴露后，对方却毫无反应。这可能说明我们选择暴露的信息是对方不感兴趣的，也可能是自我暴露的层次不恰当，有可能触碰到了对方的界限，让对方感到不适。

此时我们应当停止自我暴露，再选择一些更加“安全”的话题，以便让交流顺利地进行下去。

第二，渐进原则。

心理学家还提醒我们，即使在与关系非常亲密的对象进行交流时，我们也不能在一开始就进行猛烈的、深刻的自我暴露，否则会让对方感到无所适从，不知该如何回应我们。

因此，正确的做法是循序渐进地进行自我暴露，可以先从一些无关紧要的个人信息讲起，待双方足够亲近时，再小心地提及更深入的话题，这样就不会让对方感到惶恐无措。

总之，如果我们能够在交往中进行互惠的、渐进的自我暴露，就能够逐渐赢得对方的好感和回应，有助于提升双方之间的亲密度。双方对这段互动的关系也会有一种享受感和满足感，这对于关系的建立和维系是很有帮助的。

圈子定律：不必挤进不属于自己的圈子

在人际交往中，我们不光要注意到人与人之间存在的界限，还要重视圈子与圈子之间的界限。

圈子，就是具有相似社会行为特征的人构成的稳定融洽的领域。比如，有相同爱好的人组成的美食圈、驴友圈、摇滚乐圈等，有相同事业需求的人组成的商业圈、客户圈、同事圈等，有相同教育背景的人组成的各种校友圈。

形形色色的圈子规模有大有小，质量有高有低，很多人都想挤进那些最高端、最优秀的圈子，以期获取最有价值的人脉和资源，但是他们却忽视了"圈子界限"的存在。对于那些不属于自己的圈子，即使费尽心机勉强进入，也不会给自己带来提升和收益，反而常常会让自己左右为难，同时也会让圈中的其他成员感到非常尴尬。

26岁的东明是某公司的销售员，从入职以来，他一直非常努力地寻找客户，却迟迟无法打开局面。

分析了自己屡遭失败的原因后，东明认为最大的问题出在自己的圈子上。工作几年来，他手头可用的人脉寥寥无几，这让他感到非常惭愧。

为了提升自己的圈子层次，东明狠狠心拿出了积蓄，报名参加了几个面向高端人士的培训班，又花费重金在当地的高尔夫俱乐部注册了VIP会员。

之后，他确实在这些场合认识了不少成功人士，微信和手机通信录里也添加了不少好友，还获邀参加了几个沙龙活动。

东明怀着喜悦的心情来到了活动现场，打算一举挤进高端圈子，可他发现那些成功人士和自己根本不在一个“频率”上，他们聊的话题他听不懂，而他想要借机介绍产品销售的事情，大家却都表现得兴趣匮乏，根本没有听下去的耐心。

空着手回到家后，东明不免有些失望，但还没有就此放弃，他又试图用打电话、发微信的方式和“好友们”加强联系，谁知电话不是被拉黑就是无人接听，发微信也得不到回应。

东明这才明白，人家只是出于客气，才留下了联系方式，并不是真想结交自己这个初出茅庐的销售员……

东明渴望让自己的圈子层次获得提升，这种愿望本无可厚非。可他却没有意识到，越是优质的圈子就越是有严格的界限，这种界限虽然是看不见摸不着的，但却难以突破，除非自身条件、背景、特点与圈子文化、气质完全吻合，才有可能真正融入其中。

倘若是像东明这样不顾自己的实力，就带着强烈的目的性想要突破圈子的界限，那显然只会遭遇失败的结局。

那么，我们应当如何正确认识圈子问题呢?

第一，要正确认识个人的圈子和圈子界限。

心理学家将一个人所处的圈子按照层次分为几类：

1. 自我心理圈子。其实就是自己的心理界限，它就像一道高高的城墙，能够起到心理防护的作用——在遇到难题、困境的时候，最能够支撑、保护你的正是你自己。

2. 亲属圈子。父母、爱人、子女、近亲共同组成了第二类圈子，如果没有特殊情况，这个圈子里的成员是能够放弃私利来帮助你的。

3. 朋友圈子。你在成长过程中结交的朋友都可以归入这个圈子，他们会组成一个更大范围的保护圈，可以和你携手共进，为你遮挡风雨。

4. 事业圈子。因为工作、事业结交到的上级、同级、下属、客户等都可以归入这个圈子，他们为你的个人发展提供了必要的条件。

5. 泛泛之交的圈子。彼此之间没有什么情感、利益往来，关系不够密切、在你的人生中可有可无的人都可以归入这个圈子。

上述这五类圈子之间就存在明显的界限：你不可能麻烦自己的同事像亲人一样照顾自己，也不应该像对待朋友一样和泛泛之交掏心掏肺，这些越界行为只会给你带来尴尬，也会让你失去他人的好感。

不仅如此，这五类圈子还可以进行细分，其中每种小圈子之间也有自己的界限，比如志向、爱好、价值观、背景地位不同，都不能随意融入某些圈子。所以你只有把握好圈子与圈子之间的界限，才能让自己拥有良好的人际关系。

第二，要筛选出最适合自己的圈子。

东明失败的社交经历提醒我们，不要去勉强迎合、融入那些不属于自己的圈子。如果你想要进入新的圈子，应该先确定一个大致的方向，再准确评估自己的“段位”，然后从这个方向出发去寻找与自身段位比较一致、比较接近的圈子，再着重去发展你的人脉。

比如“寻找客户销售商品”是东明确定的方向，那他就应该从自己的目标客户着手，筛选出那些最有购买意向的客户圈子，再想办法融入其中，之后若是在圈子中推广商品，也不会遭到客户的反感和抗拒。

另外，他还可以加入销售员自己的圈子，向那些前辈、同行多学习打造销售人际网的经验，这样的圈子才是适合他发展的，能够为他提供实际的“回报”。

第三，不要浪费自己的时间去过度社交。

牛津大学人类学家罗宾·邓巴曾经对圈子的规模进行过研究，还提出了一个“邓巴数字”，这也就是我们常说的“圈子定律”。

在这条定律中，邓巴指出，由于人类的认知能力有限，大概只能与150个人保持稳定的人际关系，至于精确交往、深入跟踪交往的人数则更少，一般只有20人左右。

也就是说，盲目追求圈子规模大小、好友数量多少其实是没有意义的，圈子在精不在大。因此你不必耗费心力去结交一大批可有可无的泛泛之交，而是要多关注重要的圈子和志同道合的伙伴，要多去维系稳定可靠的“强关系”，这样才能让圈子产生真正的价值。

图书在版编目 (CIP) 数据

界限心理学：面对职场关系、亲情、爱情、友情时坚定做自己 / 韩修会编著 . — 北京：中国法制出版社，2020.11

ISBN 978-7-5216-1473-2

Ⅰ . ①界…　Ⅱ . ①韩…　Ⅲ . ①心理学—通俗读物　Ⅳ . ① B84-49

中国版本图书馆 CIP 数据核字（2020）第 229259 号

策划编辑：李　佳（amberlee2014@126.com）

责任编辑：李　佳　刘　阳　　封面设计：汪要军

界限心理学：面对职场关系、亲情、爱情、友情时坚定做自己

JIEXIAN XINLIXUE：MIANDUI ZHICHANG GUANXI、QINQING、AIQING、YOUQING SHI JIANDING ZUO ZIJI

编著 / 韩修会

经销 / 新华书店

印刷 / 三河市紫恒印装有限公司

开本 / 880 毫米 ×1230 毫米　32 开　　印张 / 8.25　字数 / 174 千

版次 / 2020 年 11 月第 1 版　　2020 年 11 月第 1 次印刷

中国法制出版社出版

书号 ISBN 978-7-5216-1473-2　　定价：39.80 元

北京西单横二条 2 号（100031）　　传真：010-66031119

网址：http://www.zgfzs.com　　**编辑部电话：010-66054911**

市场营销部电话：010-66033393　　**邮购部电话：010-66033288**

（如有印装质量问题，请与本社印务部联系调换。电话：010-66032926）